手绘建筑空间设计与表现

[日] 中山繁信 著
刘彤彤 郭婷 译

華中科技大學出版社
http://www.hustp.com
中国·武汉

图书在版编目（CIP）数据

手绘建筑空间设计与表现 /（日）中山繁信著；刘彤彤，郭婷译．—武汉：华中科技大学出版社，2019.5

ISBN 978-7-5680-5092-0

Ⅰ．①手… Ⅱ．①中… ②刘… ③郭… Ⅲ．①建筑画－绘画技法 Ⅳ．①TU204.11

中国版本图书馆CIP数据核字（2019）第054738号

手绘建筑空间设计与表现
SHOUHUI JIANZHU KONGJIAN SHEJI YU BIAOXIAN

［日］中山繁信 著
刘彤彤 郭婷 译

出版发行：华中科技大学出版社（中国·武汉）
武汉市东湖新技术开发区华工科技园
电话：(027)81321913
邮编：430223

策划编辑：张淑梅
责任编辑：赵　萌
美术编辑：赵　娜
责任监印：朱　玢

印　　刷：武汉精一佳印刷有限公司
开　　本：787 mm × 1092 mm 1/16
印　　张：6
字　　数：86千字
版　　次：2019年5月 第1版 第1次印刷
定　　价：49.00元

投稿邮箱：zhangsm@hustp.com
本书若有印装质量问题，请向出版社营销中心调换
全国免费服务热线：400-6679-118 竭诚为您服务

译者序言

这是一本由浅入深地讲授如何自己练习手绘建筑草图的小书。

无论过去还是现在、中国还是国外，手绘和制图都是包括建筑学在内的设计类专业学生的必修课。在计算机和绘图软件尚未普及的年代，手绘草图基本是建筑师、设计师表达设计意图和方案构思的主要途径。在大多数建筑院校中不仅开设以素描、速写、水彩为主的美术基础课，墨线练习、水彩渲染和草图也是设计基础训练的主要内容。那时老师们常说：手绘草图是“手、眼、心”的互动，可是当时并没有真正体会其中的真意。墨线练习中画错一笔后的绝望，水彩渲染时洗图重来的崩溃，方案草图中透视画错、配景丑陋的尴尬等等都曾是建筑学子们当年挥之不去的噩梦。与此同时，苦练铅笔、炭笔、马克笔草图的坚持，为了画出不同宽窄笔触而磨制小钢笔的专注，偷偷珍藏起老师的草图、偶尔向同伴炫耀的得意等等也成为一代代建筑师青春芳华的难忘回忆。

但是，正如本书的作者所言，随着计算机技术的飞速进步，我们开始对计算机和各种绘图软件过分依赖。对新兴事物的好奇与向往，自我学习的可能性，以及计算机制图的准确精细和炫酷表现，引得学子们趋之若鹜。而由于美育教育的缺失，且基础训练需要长期不懈的坚持磨炼，曾经作为建筑师“看家本领”的手绘被日渐冷落。基础训练不再做线条、渲染练习，设计方案各阶段的手绘草图也让位给各种建模、绘图软件，甚至有的高校已经取消了美术课。

毋庸置疑，上述现象是时代发展的趋势和必然结果。然而，这并不代表着手绘训练已被计算机技术完全替代。相反，在当今这样的信息化社会，手绘草图依然有其存在的价值和意义：从职业技能层面来说，手绘草图是快速便捷的设计表达途径，是收集设计素材、记录设计过程的手段；从思维训练层面来说，通过“手、眼、心”的互动，可以启发设计灵感，促进和提高形象思维能力；从更高的精神层面来说，许多优秀的建筑师、设计师，往往可以通过手绘中灵动的神来之笔，传达出机器无法表现的意境和神思。

因此，很多建筑师不论其原先美术基础如何，也不管计算机数字技术如何发达，至今依然保持着以手绘草图来进行构思、深化方案的习惯。一些风格各异、充满个性的手绘草图更是成为许多国外建筑大师的标签。而为应对考研、面试、注册考试开设的手绘辅导班比比皆是，也成为一种耐人寻味的现象。相信在今后追求创新与个性的时代，手绘草图更会焕发出独特的魅力。

在这样的时代背景下，介绍建筑手绘和各种表现技法的书籍、教程等，可谓层出不穷。中山繁信的这本《手绘建筑空间设计与表现》，虽然朴实无华，也并非面面俱到，但仿佛将读者拉回学校的课堂，面对面听老师娓娓道来，带你一起从零开始、由浅入深、从简单到复杂、经业余至专业，一步一步地深入到手绘建筑草图的美妙世界。全书图文并茂，内容循序渐进，平易生动；所配的插图既有旅途中的传神速写，也有空间的翔实记录；不仅以图示讲解简单的透视原理，而且配合各种方案的细致表现，风格淡雅清新，令人赏心悦目。最值得一提的是，作者反复强调“用心去画”——相对于绘画技巧，用心灵去发现客观对象的神韵，用画笔表现内心的感动，才是最重要的，是手绘的真谛。本书不仅可作为建筑初学者练习手绘草图的自学教程，也可以成为普通读者欣赏美术作品、培养绘画兴趣、提升美学修养的业余读物。

针对本书的“スケッチ”一词，直译有“素描”“写生”“速写”“草图”等多种含义，故根据文中的语境，一般将笼统的概念译为“素描”；在现场对照实物或实景绘制的译成“速写”或“写生”；凡与建筑设计和构思相关的则译成“草图”，特此说明。由于能力所限，译文或许仍存在许多问题和不足，敬请各位读者批评指正。

感谢华中科技大学出版社，感谢各位编辑在翻译过程中给予的理解、支持和帮助。

译者

2019 年 3 月

原版序言

我们的生活发生了很大的变化。我想这是技术进步的结果。这个变化的代表当然就是电脑，然而令人深感无奈的是，我们对电脑过分依赖，以至于忘了发挥人类所拥有的出色能力。

不会进行简单的计算了，想不起汉字的写法了（提笔忘字），这样的事在日常生活中经常发生。我想这与依赖方便的计算器和电脑不无关系。“魔法工具”用错了方法，很可能就会变成扼杀人类能力的凶器。

因此，我们应该开发我们所拥有的潜在能力。无论多么擅长操作电脑、用CG（计算机软件）绘画，都不能说那是你自己的作品。而你自己用手描绘的东西，不管画得好不好，都是展示你自己个性的作品。而且，它就是你自身存在的证明。

用手“写字”很重要，用手“绘画”具有更加重要的意义。

你也动动手，试着把你身边的东西画成草图如何？

话虽这么说，但“画条狗跟画只猫没啥区别”“把画拿给小孩儿看都会被笑话”，类似这样不擅长绘画的人不在少数。

然而，不要因此而畏惧。

草图不是只靠技术和才能就可以画好的。我觉得它是用“心”来画的。即使画得不成熟，也没关系，只要以真诚的心去画，草图就一定能打动人心。

世界上的确有无数出色的草图，但即使你画得不太好，难道就不想尝试画出这世界上唯一的、属于你的草图吗？

这本书就是这样一本引导你发挥个性的入门指南。

中山繁信

目 录

第一章
素描的意义

素描就是在纸上摹画出物体的形态，不仅如此，借助手的活动，物体的形状便经过手传递到大脑而被记忆下来。而且，为了描绘物体就要对物体进行仔细的观察，这也关系到对物体的形状和构成的深入理解。

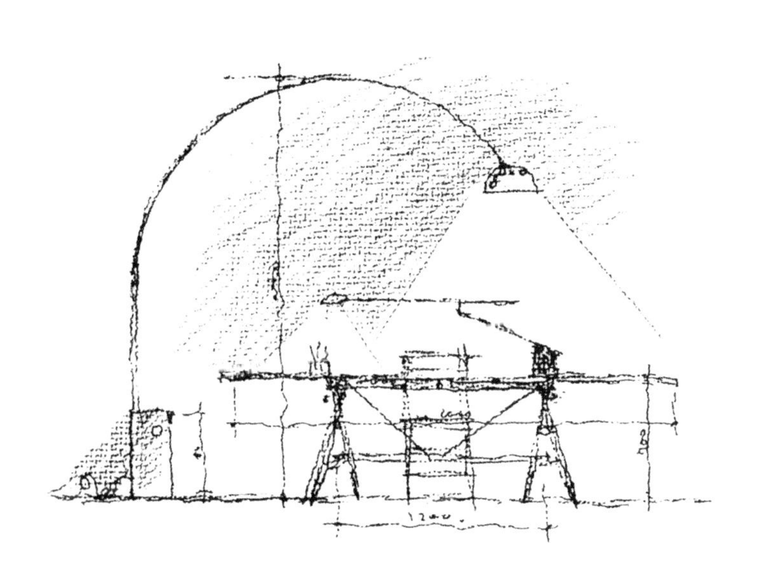

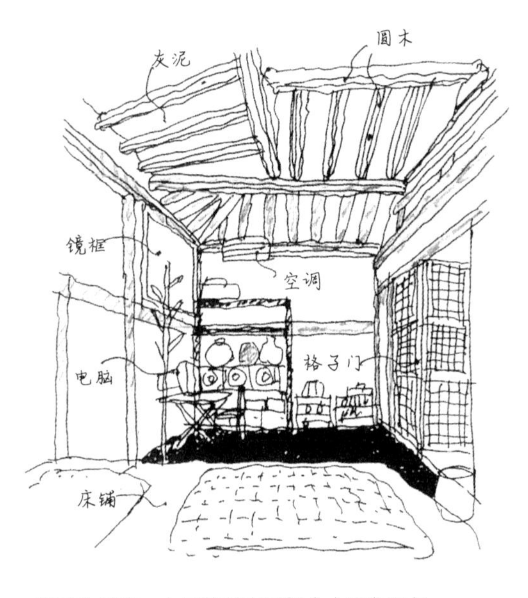

韩国的民宿。小屋的圆木屋架令人印象深刻

画图就是记忆

想必不少人曾有过这样的想法：遇到美丽的风景，很想将那种新奇的感动画下来保存；或者想把自己的设计或想象的空间完美地表现出来。然而，又觉得自己没有鉴赏力和绘画才能，最终只好作罢。

其实速写不需要画得很好。那些为拿给人看而精心绘制的画，因意图太过明显反而不能打动人心。因此，不要在意画得好不好，只要能把当时的感动真实地描绘下来就好啦。

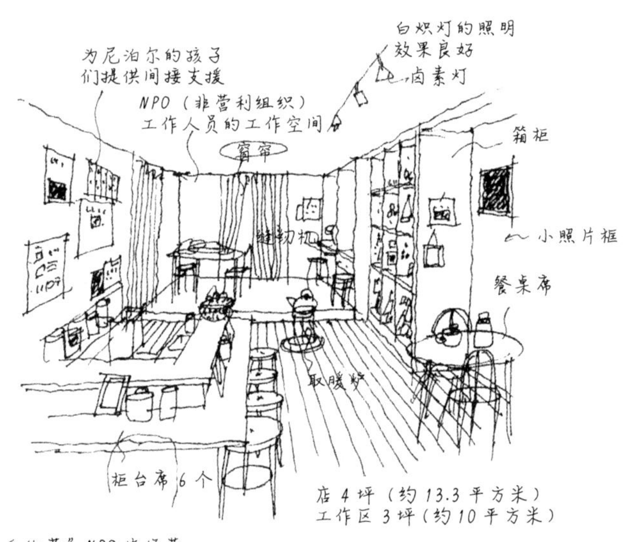

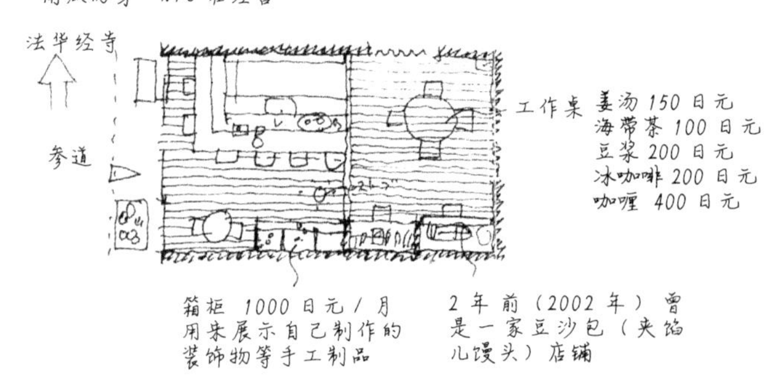

中山法华经寺参道的小店“南瓜的芽”

重要的是，速写不讲求技术，而是用心情去描绘。

速写本来的意思，是在实际进行雕刻或建造建筑之前，事先进行各种研讨的底稿或者画稿。建筑上叫设计草图。

另外，速写的目的不同。

一种是把所看到的东西在纸上原样画出来，以便记住物体的形状。

因此，速写与其说是画出什么东西，不如说是绘画行为自身更有意义。绘画是通过手传到头脑的记忆过程。

坪是日本的面积单位，1 坪约等于 3.3 平方米。——译者注

画图可以看出事物的组成结构

（速写的）另一目的，是通过描摹更好地看出物体的组成结构。

肯定有不少人有过这种经历：旅行过后，不久前刚看过的东西，却怎么也想不起来是什么形状的了。即使我们想要去看，却出乎意料，只是看到了表面现象。

那么，请试着画一张复杂建筑的速写，从中就能看出形体的特点和结构。画速写具有让人仔细观察的效果。

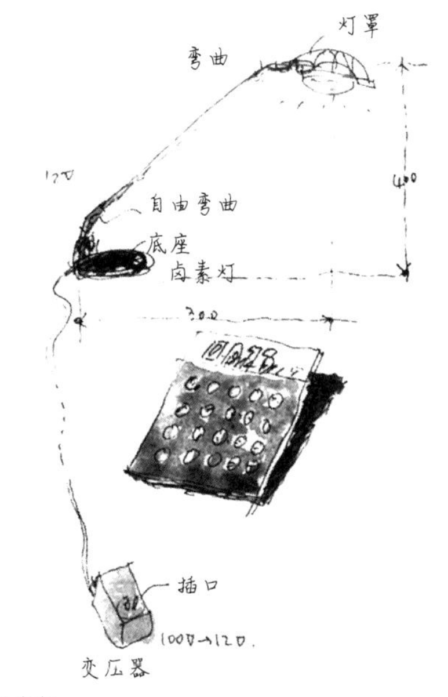

照明台灯

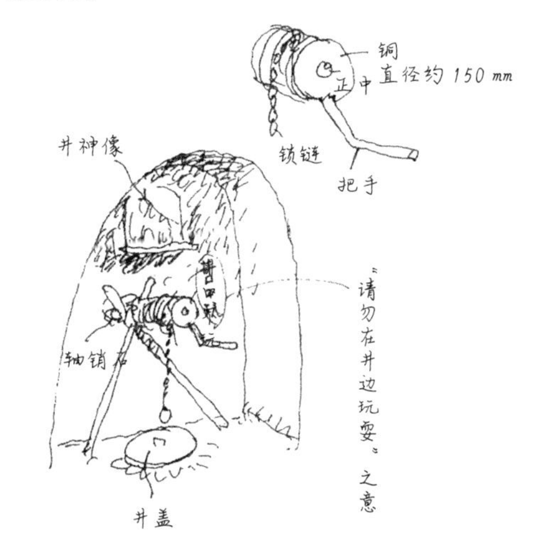

水井周边的设施

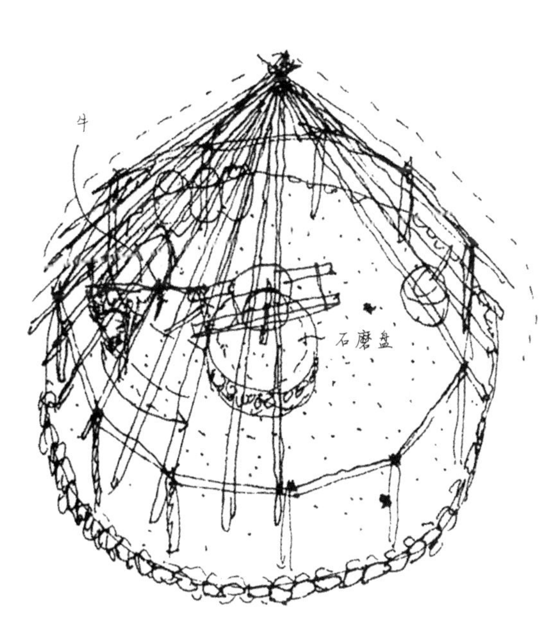

中国乾陵的穴居住宅（窑洞）

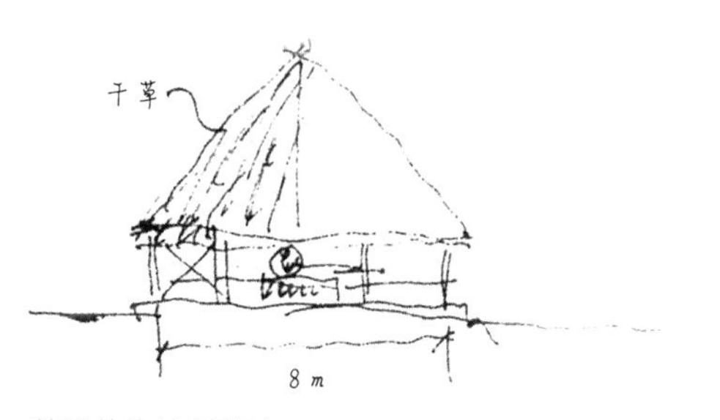

韩国的牛拉石磨坊

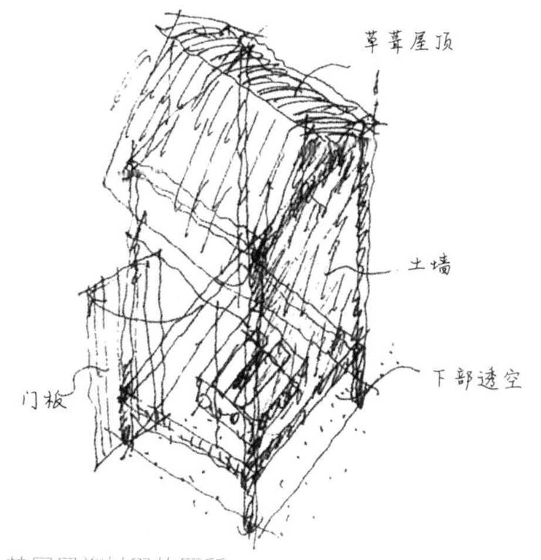

韩国民族村里的厕所

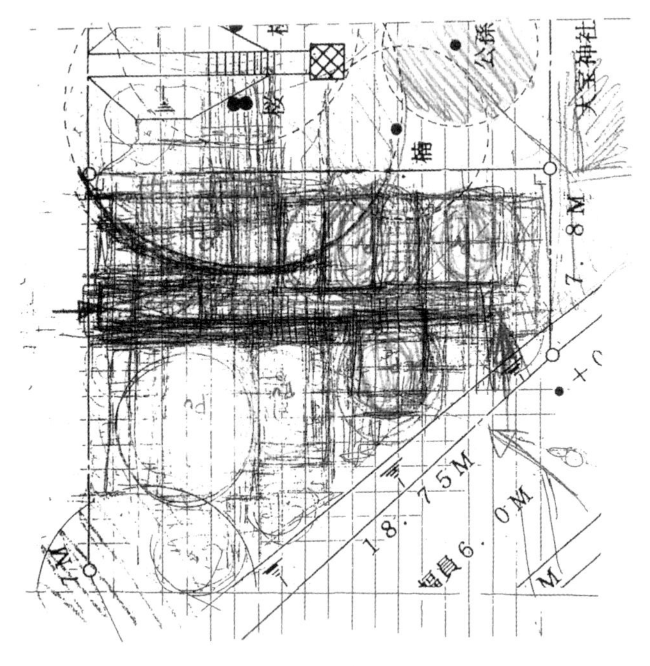

住宅的草图：第一阶段 / 考虑空间的分区

画图就是做设计

不只是建筑，每当创造一件新的东西时，一开始都是先把头脑中浮现出来的形象画在纸上再进行研讨，这样的底稿在建筑领域就叫草图。

这种草图如果不能把形状和空间准确地描绘出来，最初的想象可能就会因此枯萎。所谓画草图，就是从一张草稿开始拓写描摹，刺激想象，如此不断反复以帮助发展出最终的造型。

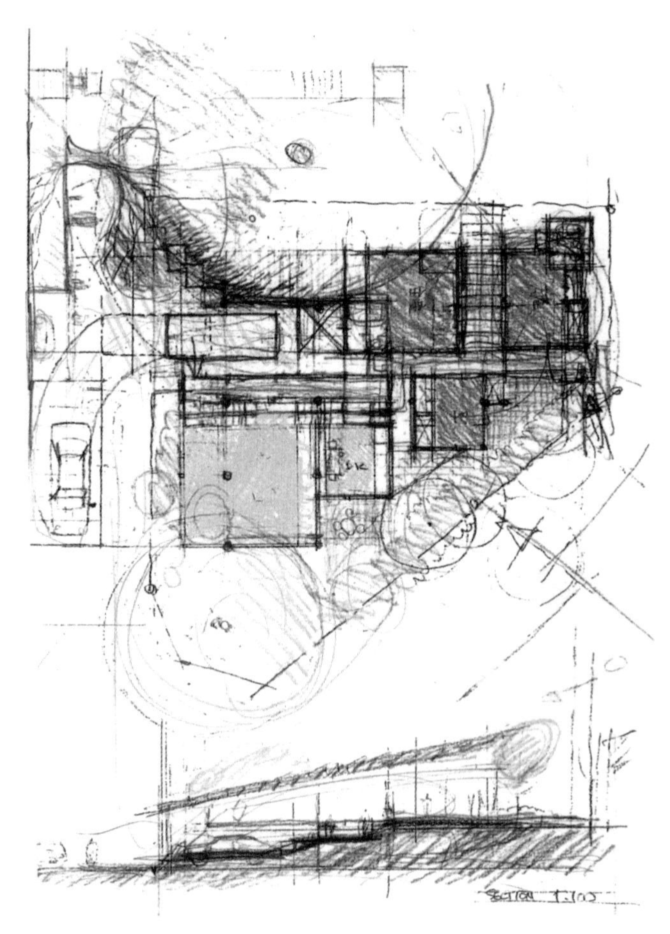

住宅的草图：第二阶段 / 将各房间的布局设计具体化

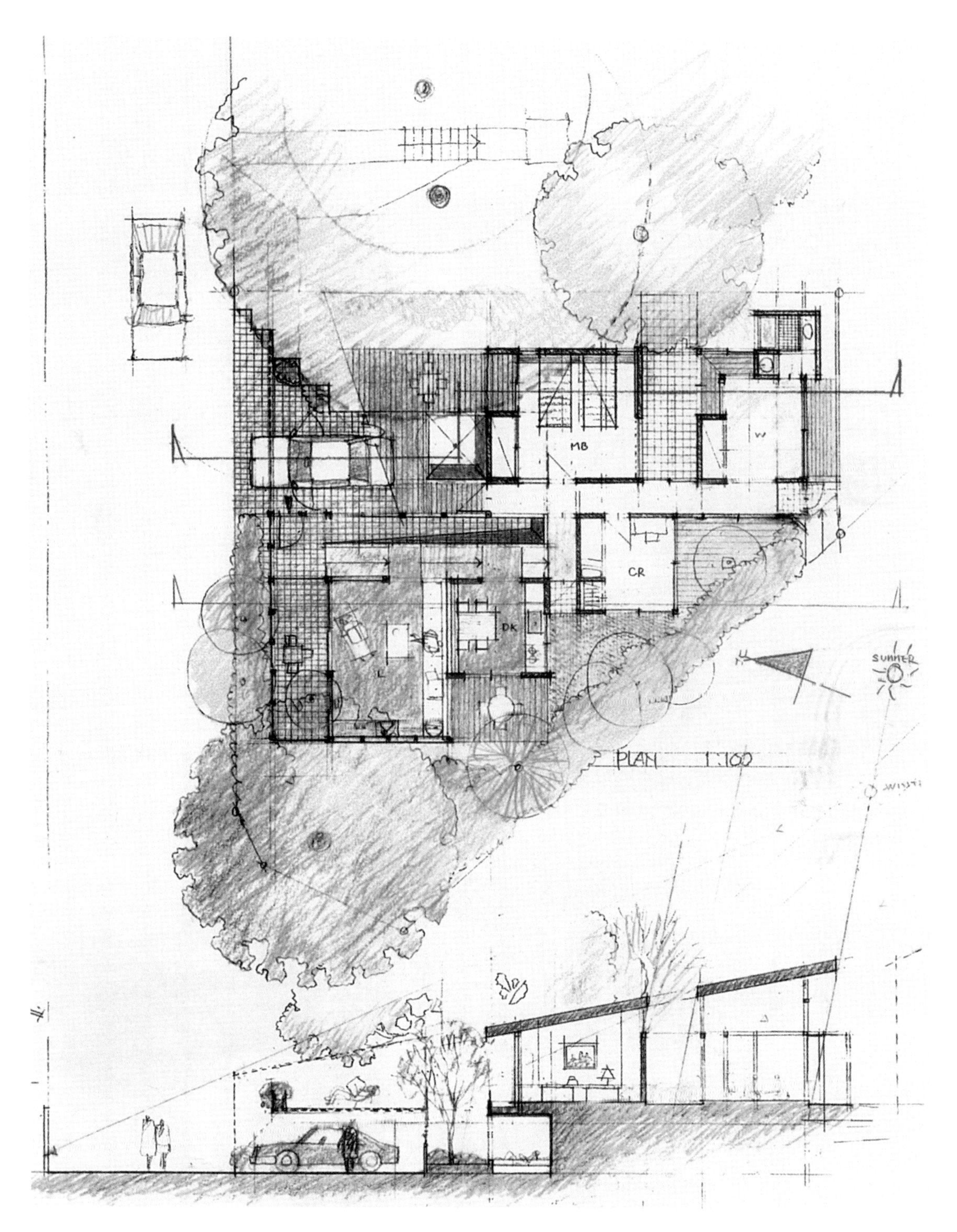

住宅的草图：最后阶段 / 从平面图和剖面图等对建筑加以整合，进而表现其功能和用途

为探讨屋顶平台的空间而绘制的立体草图

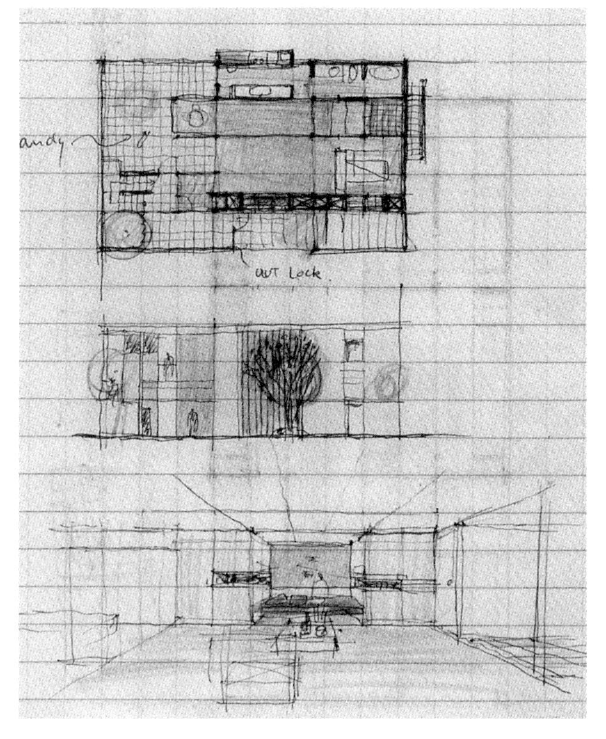

平面图、立面图和室内速写形式的住宅草图

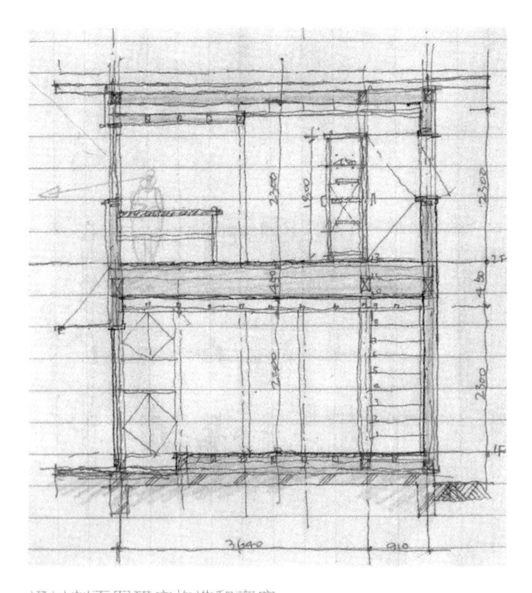

通过剖面图研究构造和高度

住宅的透视草图

第二章
画好素描的捷径

画好素描有两种方法。一种是多看些好的素描作品，另一种是大量地画。因此，即使只有很短的时间，也要养成动手的习惯，愉快地享受绘画。

用铅笔绘制在粗纹画纸上（木曾马笼山口驿站的仓库）

线条也有生命

素描不是生物，线条里也不存在生命，但是，线条可以表现出“活着”或“死了”等状态。

而且它们有时就像饭菜，可以呈现出“有味道”和“没味道”之类的表现。

活着的线条，是指形状里被赋予了生命，把物体活灵活现地表现出来，洋溢着蓬勃朝气的线条。无须担心，请试着画出那些强劲有力的线条吧。

用软铅笔画出动势（自行车）

用细的签字笔描绘整体气势（希腊圣托里尼岛的村落）

与饭菜一样具有味道

有味道的线条是指每一条线都不一样，富有个性，谁都无法模仿。

相反，用 CAD 软件画的线虽然很直且粗细均匀，但既毫无韵味又了无生趣。

能画出那种既有生命又有韵味的线条的秘诀只有一个，就是大量地画线。而且请不要忘记，这不意味着随便乱画，而是要缓慢而仔细地用心去画，还要不断反复地练习。

用铅笔绘制在粗纹画纸上（意大利古城庞贝的遗址）

用细的签字笔粗略勾画 （飞騨白川乡的人字形屋顶建筑村落）

不用在意细节，只需画出印象（中国桂林漓江上的屋形竹排）

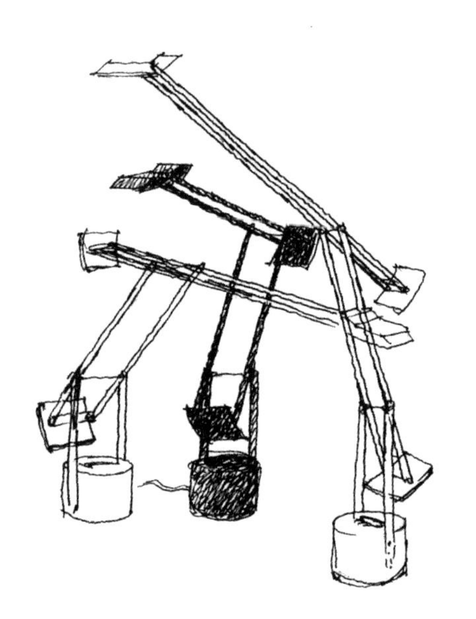

试着画些优秀的设计作品（理查德·萨珀的照明台灯）

随时、随地、任何对象……

首先准备好纸和铅笔，开始动手练习吧。不要担心形状不准、线条弯曲，或想要擦掉啦；抛开那些形状必须准确、想要画好之类的想法，试着以真诚的心大胆画出来就行。越是过分地想要画好，画出来的线条就越僵硬而没有生命力。是让线条鲜活起来还是令线条僵死无趣，全都取决于你的心情。

想要描绘的对象，只要是自己喜欢的东西即可。我觉得比起复杂的形状，单纯的东西更好。身边的家具、照明器具等都可以。画的时候，无须在意细节，仅把形状粗略地勾画出来就好。

最重要的就是去画。

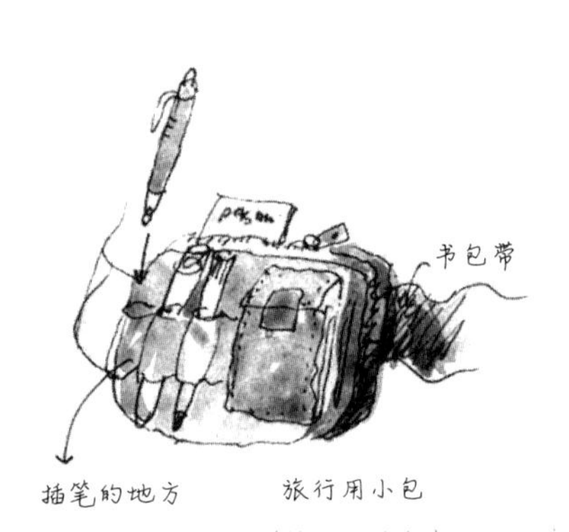

画一下身边的东西（旅行用小包）

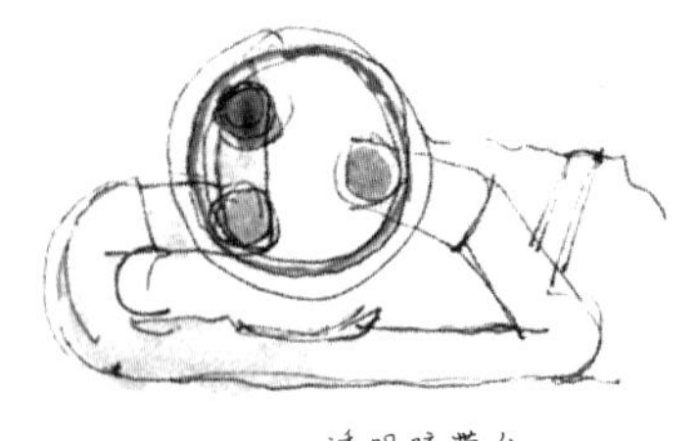

画一下有趣的设计（透明胶带台）

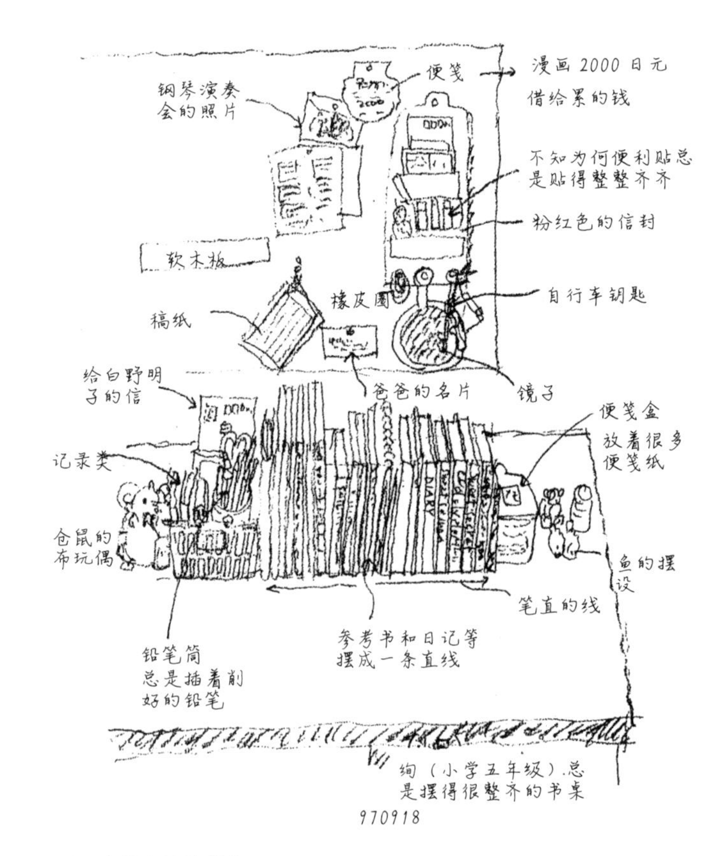

爱干净的女儿的书桌

身边生活用品的速写

首先带着玩心和真心

与其说想要画好速写，不如说享受绘画更重要。带着一点儿玩心或消遣的心情去画，逐渐喜欢上速写才是重要的事情。就像“好者方能精”这个谚语所说的那样，不管什么事情有了兴趣才能做到精通。

请尝试着手绘一张圣诞卡或生日卡之类的贺卡吧。画的主题可以是一束花、一个葡萄酒瓶等身边形状简单的东西，然后添上一句别致的祝福语，这就成了哪里都没有的、世上唯一的贺卡。毫无疑问，被赠送人的心定会为此被打动。

有的时候，以饭店或咖啡店的杯垫代替速写本来作画，也能为两个人留下美好的记忆。

另外，在喜欢读的小型平装书的空白处，试着根据内容画出情景，这也会成为世界唯一的、自己独有的一本插画书。当然，不要忘记对作者的尊敬之情。

将自己平时使用的绘画用具用心地画成贺卡送给对方（为祝贺白色情人节而画的贺卡）

为了两人的回忆而画 （画在杯垫背面的草图）

以身边的物品为题材（生日卡、圣诞卡等）

在小型平装书上画上插图，形成自己独有的书

试着画一本世界独一无二的手绘画册

手工做的信纸，传递的是写信人的温情　　　　包装纸有时也能成为加深记忆的速写本

正确地画椅子

习惯了自由地绘画之后，接下来练习正确地把握物体的形状。我觉得以身边的椅子为主题就可以，画出椅子的正面图，在适当的位置选取灭点，以椅子背部为基准，座位朝前放。

试着画出椅子后，就可以理解椅子每个部分的组合方法、粗细及整体的比例，就能知道好的椅子在功能上和力学上都应该合理。

这里有九把椅子，把灭点定在中间椅子的座面。给座面部分一个深度，就能根据椅子的位置画出各种不同的角度。

练习根据灭点的位置正确画出椅子的形状；另外，还要练习如何设定灭点的位置，从而得到想要的构图。

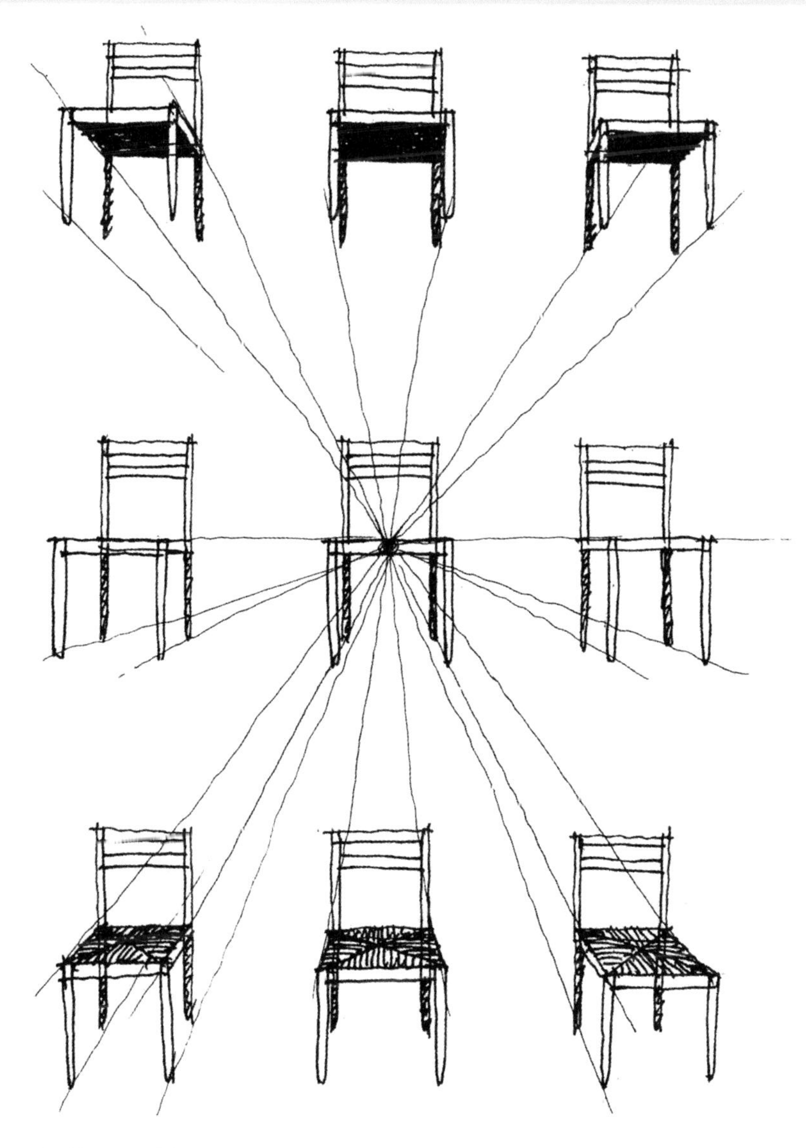

椅子的外观随着视点的位置而改变——练习正确把握物体的形状

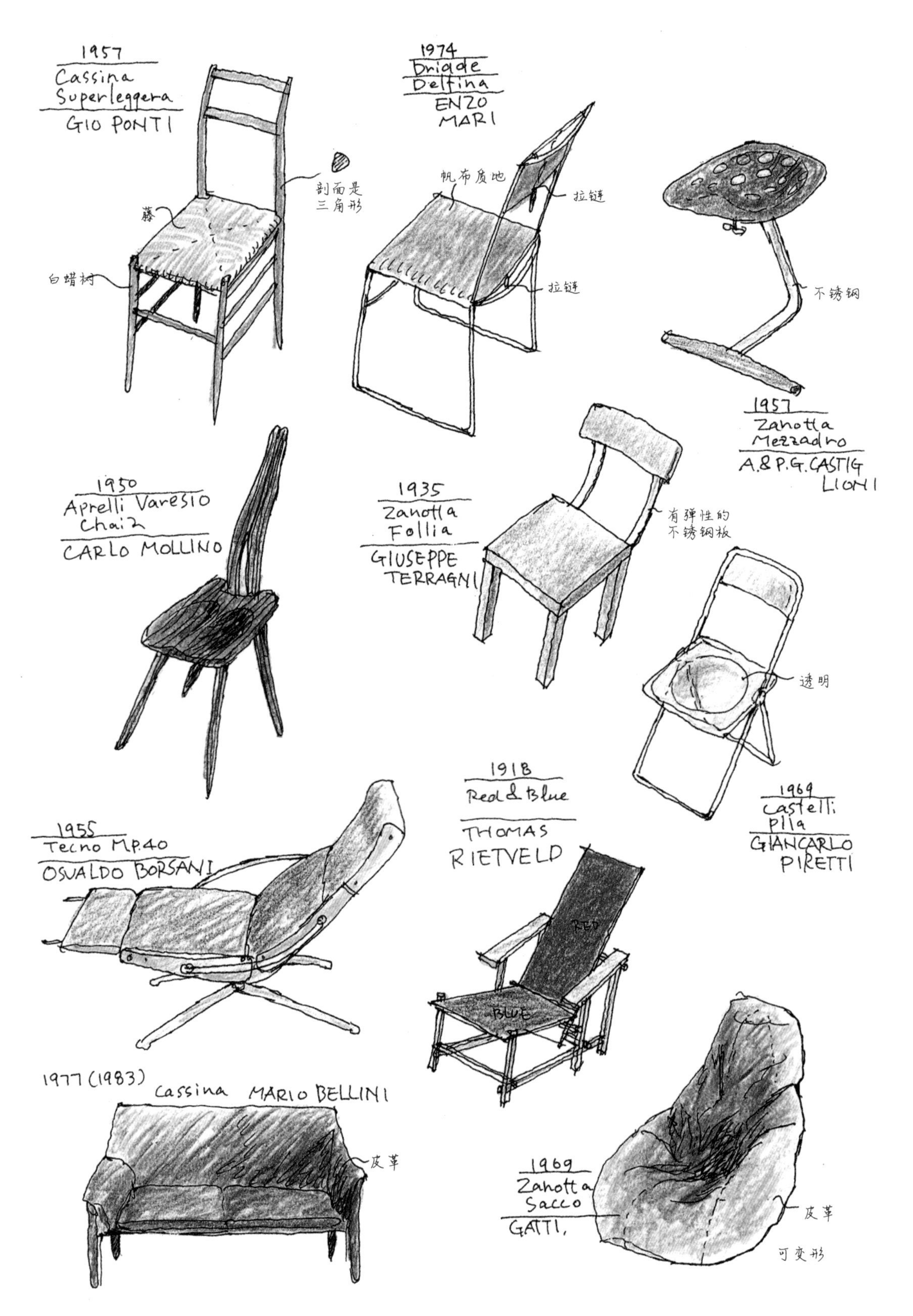

从各种角度正确把握形状的练习（形形色色的设计师椅子）

第三章

旅途中的写生

旅行是写生的绝佳机会。对于所见所闻肯定有新的感动。试着将那些令你感动的事物立刻画下来吧。不用在意画得好不好，根据现场的感受自由地画出来就可以了。

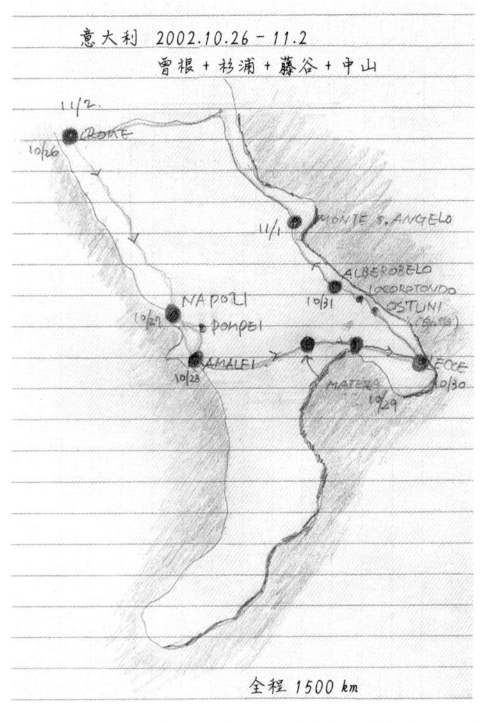

通过画地图，记住旅行的路线（意大利南部的地图）

画地图

旅行中很适合画速写。出门旅行时一定不要忘记带速写本。不仅可以学习建筑，还可以留下旅行的记忆，速写不失为一种最适合的方法。

首先打开旅行所到地区的地图，然后一边看一边在速写本上画出这些地图和预定的路线。

这样，旅行的全程地图、所去城市的地图就预先画了一遍，你要住的旅馆、必去的地方及其位置关系，以及距离、方位等就自然地装进了脑子里。

于是到达当地时，由于脑子里早就有了地图，不仅不容易迷路，而且也会让旅游变得更加高效。

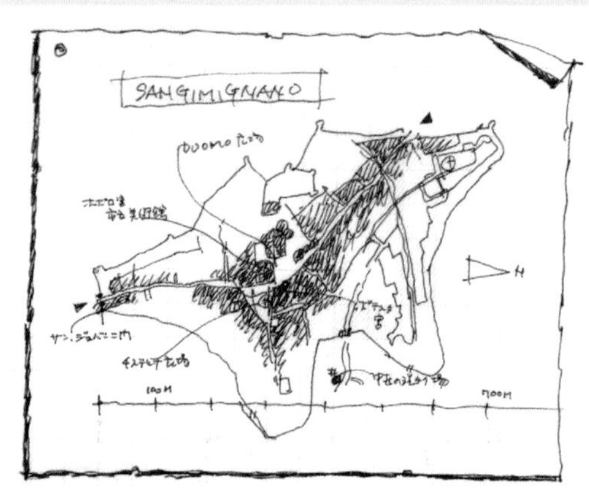

意大利圣吉米纳诺的地图

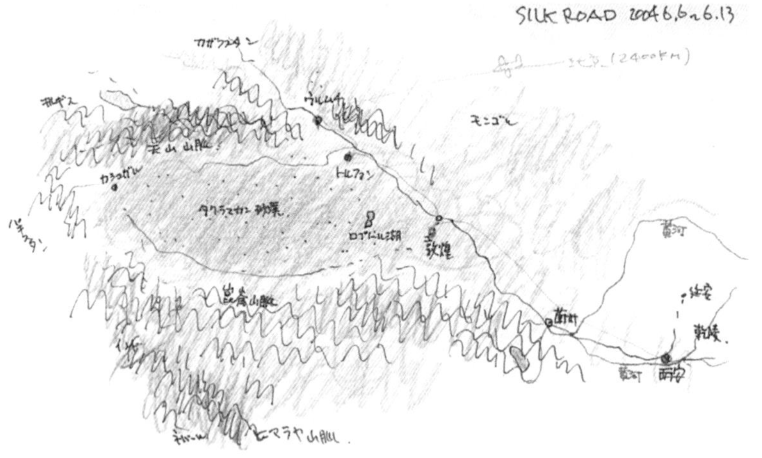

塔克拉玛干沙漠东边丝绸之路的地图

测量房间

在旅馆入住以后，试着测量一下房间。测一下浴室、盥洗室的面积，床和桌子的大小、位置等，并把它们画成图，这样的练习对培养空间尺度感很有好处。作为旅行的日记，日后应该也能成为愉快的回忆。

当然不只是画旅馆的房间，实测一下大堂里舒适的椅子、令人心情愉快的手提袋等，将来实际设计类似的形状或空间时也会大有帮助。

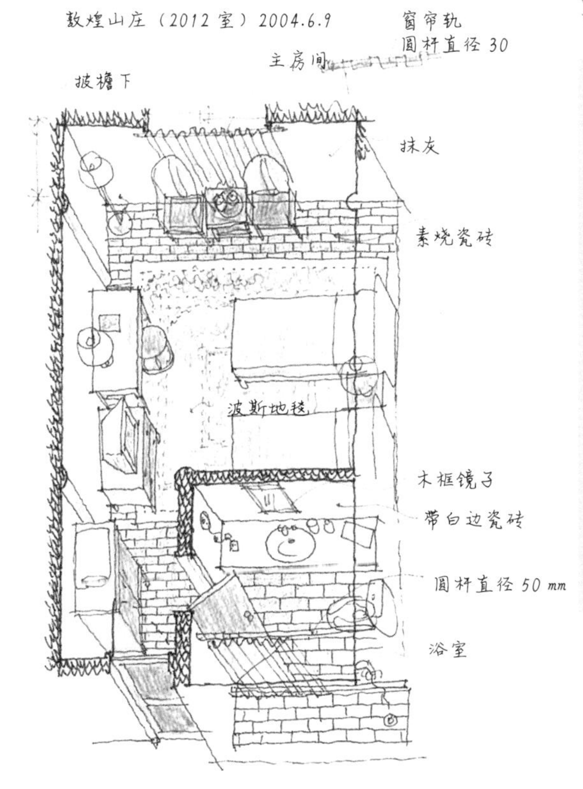

中国敦煌某旅馆的轴测图

11/1（星期五） 8:30 早饭，上午市内参观
多亏藤谷先生认识的女士（旅馆里的人）帮忙，得以登上屋顶。
12:00 在PUTIGNANO吃午饭（很好）
圆锥顶石屋（Turullo是圆锥顶石屋的单数形式）

陈列柜

租车 €565+AMEX 代付
高速 €51.30+AMEX 代付
€1.20+AMEX 代付

€438 雷根 代付

ALBEROBELLO 2002/10/31
NO.25室

玻璃柜 中山 杉浦 藤谷先生 墙灰泥 地板 凝灰石 窗帘 勺子杯子 电暖炉 浴室 透明玻璃 锅 LPG罐 H=4500 电炉 木箱 长椅 喷泉

€150

实测旅行途中的旅馆，可以把握空间的尺度（意大利阿尔贝罗贝洛由住宅改装成的旅馆）

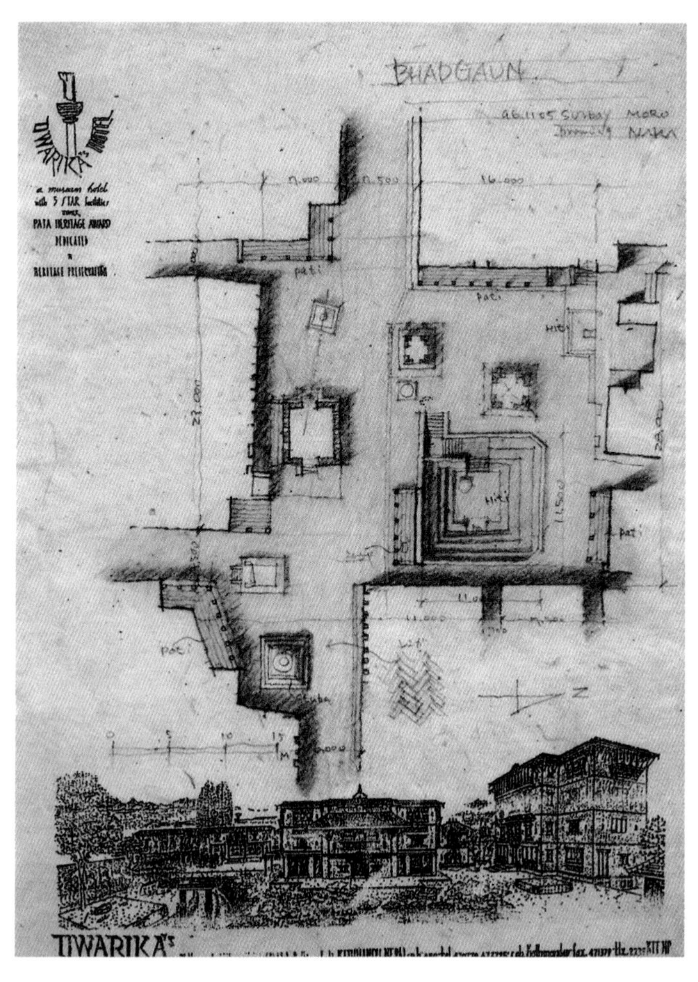

旅行时用旅馆的便笺画的实测图（尼泊尔巴德岗广场）

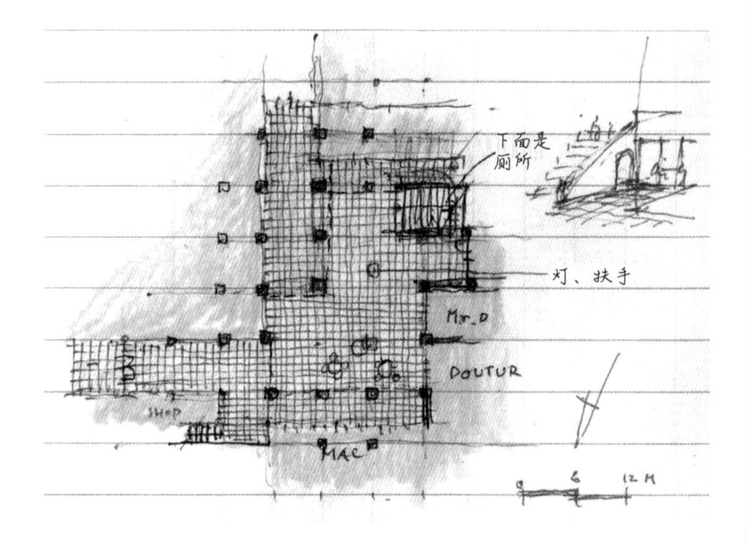

坐在咖啡店画的实测图（一个有商业建筑的广场）

测绘

测绘就是对建筑或村落等进行实测、画图、分析的研究方法。

为了想象、创造一个丰富的空间，在大脑深处提前储存丰富的设计词汇是非常重要的。

基本上我们没法想象我们没有见过的东西。为了不断创造出新的空间和建筑，对各种各样的建筑式样和优秀的空间设计进行实际体验是不可或缺的。这就像不具备大量的词汇，就写不出能打动人心的漂亮文章一样。所以写生是很有效果的。请回想一下，我们上小学的时候，在记汉字或英语单词的拼写时，也是通过手在纸上逐字逐句地反复书写来记忆的。这种方法是最有效的。为了留下旅行的记忆，按一下照相机的快门，“好，完了！”这样做虽然把为之感动的景色和建筑记录下来了，但很快它们就会从我们的记忆中消失。

用测绘图这种方法，不仅能通过实际体验把眼前存在的空间和形状记下来，同时还能通过画图记录下来，一举两得。

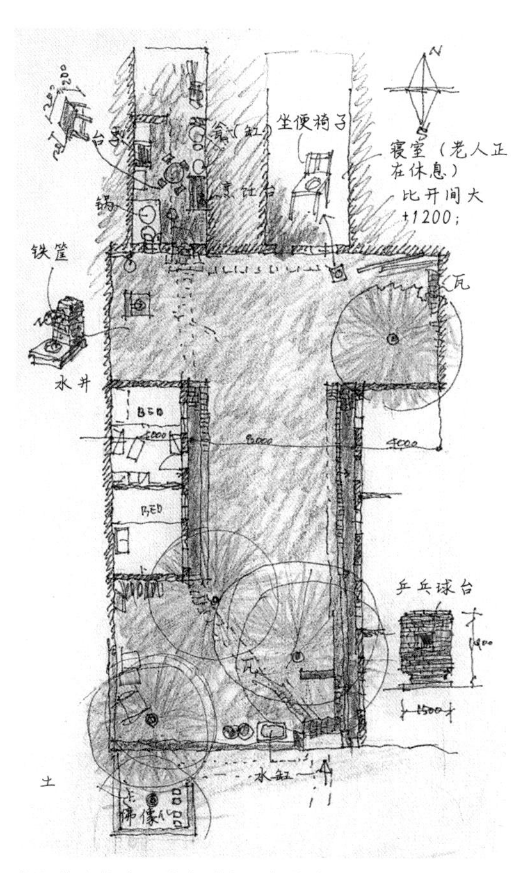

中国乾陵的穴居住宅（窑洞）的实测平面图

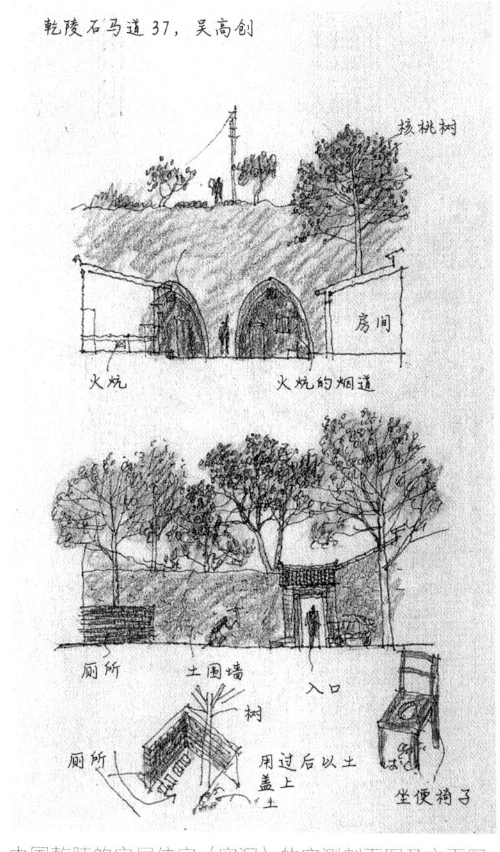

中国乾陵的穴居住宅（窑洞）的实测剖面图及立面图

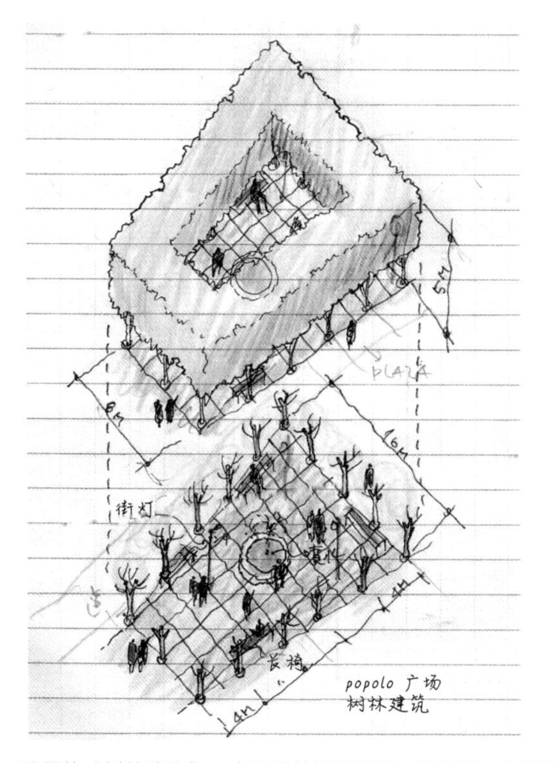

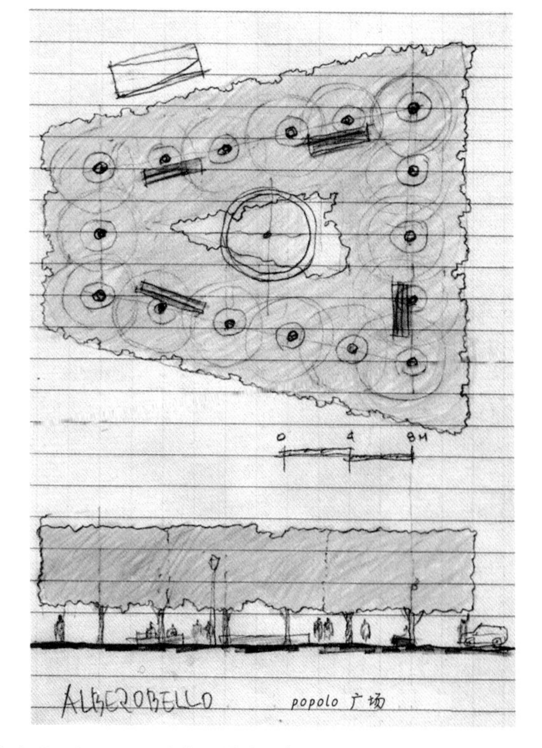

环保的“树林建筑”。实测的轴测投影图，平面图、剖面图（意大利阿尔贝罗贝洛的绿荫公园）

仅凭轮廓也能传递建筑的姿态（法国圣米歇尔山修道院）

首先从轮廓写生开始

下面就尝试画轮廓写生。

轮廓写生就是粗略画出物体形状的速写。没有必要仔细地画出细节。

旅行时间紧张时，这样画风景和建筑是非常方便的。

首先，把从你所住的二层阳台上看到的城市天际线，一气呵成地一笔画出。我们所住的城市是由各种各样的建筑复杂交错汇集起来的。试着画一下，可能会发现一些城市的特征和地标。反过来，也可能会看到一些破坏景观的建筑或丑陋的广告牌等。

在希腊的米科诺斯岛和圣托里尼岛等地，不管画什么地方都会形成美丽的画面。风车、风铃、甚至不起眼的晾晒衣物，在碧海蓝天的映衬下，都会变得美轮美奂。轮廓写生只是画出物体的外形轮廓，然后涂上色彩就完成了。不过分刻画，也没有太多说明的轮廓写生，却可以让观赏者带入感情，使其产生各种各样的思考。

我小的时候有一本书《绘画歌》，其中有一个著名的“森林火葬场”，是瑞典斯德哥尔摩的一位名叫 E.G. 阿斯普林顿的建筑师设计的。我就曾一边哼着“绘画歌”一边把那美景画下来。

法国圣米歇尔山修道院的远景，简直就是一幅完美的轮廓写生。

意大利西西里岛的捕鱼风景

轮廓写生的绘制（斯德哥尔摩的“森林火葬场”）

希腊圣托里尼岛的生活风景

尼泊尔的印度教寺庙

意大利威尼斯海中的玛利亚像

希腊的教堂

3 分钟画的速写（希腊米科诺斯教堂）

其次是速写

旅行途中总会很忙，不是在什么地方都能抽出时间悠闲地画画。但是，即便只有几分钟的时间，最好也试着画一下。

出色的写生并不是只要花时间就能画出来的。花很多时间刻意画出来的，可能看不出真正想画的东西了。

因此，更多的时候反而是那些时间紧迫画出来的速写，不加入过多的心情而只呈现本质才能成为韵味深长的写生。

5 分钟画的速写（意大利有台阶的路）

5 分钟画的速写（日本的民居）

不管细节，优先考虑短时间的画法（希腊米科诺斯岛有风车的山丘）

中国绍兴近郊柯桥镇的桥

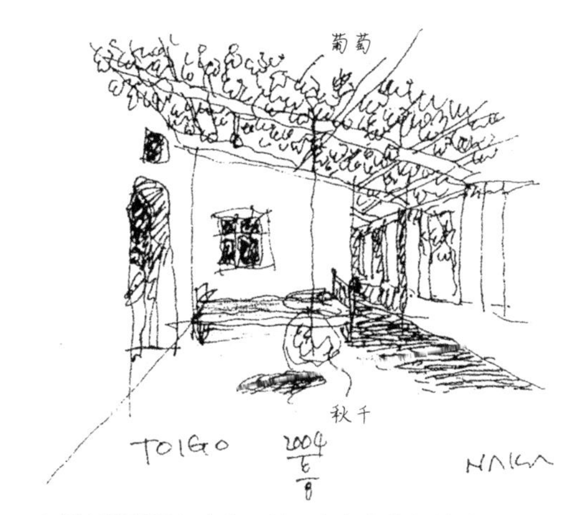

中国新疆维吾尔自治区村子中有葡萄架的院子

大巴出发前 5 分钟所画（中国敦煌的旅馆大堂）

试着从正面画建筑

下面，就是建筑正立面的写生。站在你想画的建筑的正面，画出整体形状。

画这种写生时，要注意建筑的形状和比例，不必过度刻画细节。如果觉得差点什么，就加上窗户或门；窗户的大小及其位置关系等，逐渐补充画上就可以了。

画的时候，如能把建筑的样式、墙壁的材料、装饰等一起记录就更好了。

从正面画建筑（意大利威尼斯的教堂）

旧北村家住宅的立面图

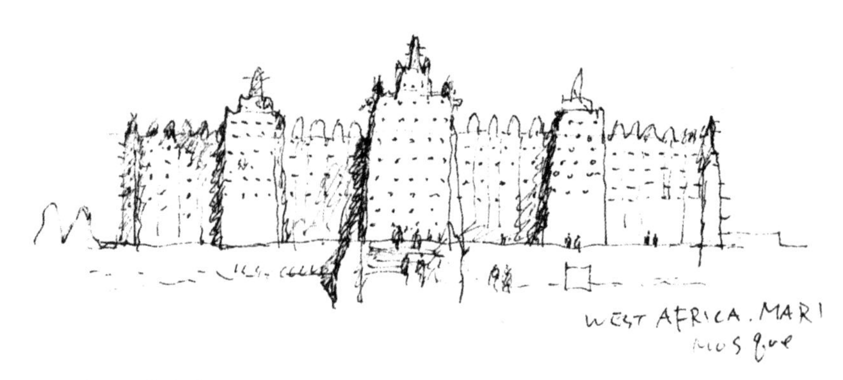

非洲西部马里的寺院

西班牙罗马式风格的建筑

法国农村的民居

匈牙利的农家

从正面画，能理解建筑的比例（伫立在法国巴黎近郊的勒·柯布西耶设计的萨伏伊别墅前）

试着画风景

简略画出建筑的特征（西班牙伊比利亚地区的风车群）

旅行时，我们会遇到各种各样的美丽风景。

美丽的群山、海洋等自然风景，以及那些凝聚着人类智慧、长年累月孕育出的村落等风景，都强烈地打动着我们的心。

这里我们就尝试从轮廓草图向前迈进一步，挑战（风景）写生吧。

画远景时，要好好观察村落和自然景色的整体情况；再抓住建筑的主要特征，在地形上逐步画出建筑。

像西班牙的尖帽状屋顶和风车、韩国的草葺屋顶一样，传统的村落大多根据所在地区的气候、风土，由相同形态的建筑组成。这也就是形成那些统一的优美景观的主要原因。

意大利圣吉米纳诺的街景

韩国乡村古民居

西班牙伊比利亚地区的住宅景观

用阴影表现复杂的形态（希腊米科诺斯岛的街景）

希腊圣托里尼岛的咖啡店

意大利山城安蒂科利科拉多的建筑群

意大利南部的白色街道至天使。有屋宇相连之美（屋宇相连、鳞次栉比）

意大利威尼斯运河边的停船处和教堂。用钢笔和铅笔画在油画布上

从塔上画

从意大利到整个欧洲的城市，一定耸立着既美丽又有象征性的塔。从高处看去的视野很有特色。我们就一边沉浸在优美的景色中，一边尝试悠闲地写生吧。

由于从高处画的是俯瞰的构图，所以画的时候要注意灭点（V_1）应在高度方向上。

从画法几何来说，就是上下两个灭点的鸟瞰图，在进深和高度方向上给出灭点，自然就成为俯瞰图了。

如果上下两个灭点的距离缩短，俯瞰的角度就变深；如果两个灭点的距离拉长，就变成视线接近水平的构图。

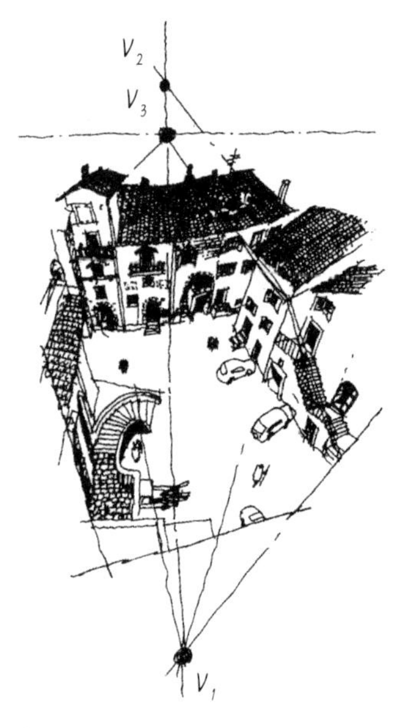

高度方向的灭点（V_1）、进深方向的灭点（V_2）和倾斜屋顶的灭点（V_3）在同一垂直线上

上下两点的鸟瞰图，俯瞰的效果更强（俯视意大利的街角广场）

准确地画出瓦的特征（意大利圣吉米纳诺的住宅区）

画街巷

带着速写本在街上散散步。那些偏离繁华主街的小街巷到处都充满着迷人的魅力。与挤满汽车的又直又宽的现代化道路不同，这些街巷在保持人性化尺度的同时，承载着人们的生活，并充满活力。

画那些狭窄街巷的风景时，用一点透视法最合适。从巷子的最前端取灭点，水平方向的线条都与这个灭点相连。

首先，站在不影响交通的地方，直视道路的前进方向，这时的视线是水平的，视线的最前端就是进深的灭点，矗立在两侧的建筑物的高度方向为垂直方向，横向为水平方向，它们全部都是各自平行的。只有进深方向的线条集中在一个灭点上。请遵循这个原则去画。写生的原则就是将看到的东西原样画出来。那些总是把空间画歪的人，可以记住以下简单的构图方法。

①先画出作为基准的建筑和道路；然后确定灭点，与建筑物的高度比较一下，选取人头部位置的高度为灭点即可。如果灭点取得过高，就会画成从道路上方俯瞰的图。

②以这个灭点为起点，连接道路两端和建筑的水平线。水平线应全部集中在这一个灭点上。

③然后决定深度。定一个建筑作为基准，画出其进深方向的线条，以使该建筑的宽度看起来自然。

尼泊尔巴德岗的街巷

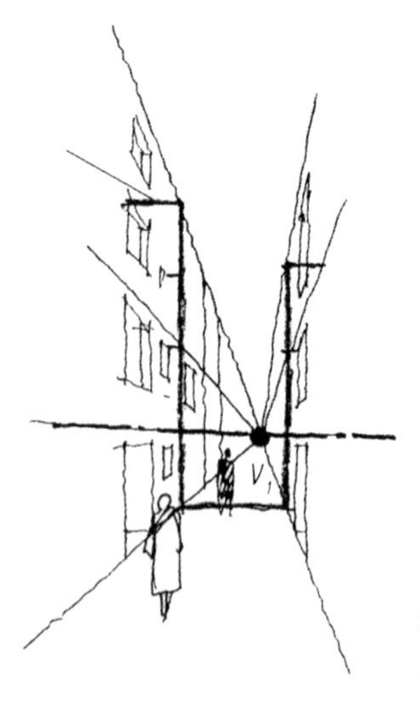

画出小巷的剖面，在其中取一个灭点（V_1），把这个灭点与各个转角部位连接起来，适当向进深方向延伸，再画上门和窗户

意大利圣天使的街巷

靠近道路的左侧还是右侧，构图会有所变化（英国拉文纳姆的街巷）

意大利阿尔贝罗贝洛的街巷

日本爱媛县大洲的街道

意大利风格的弯曲街巷

画弯曲的道路

在古老的街道上散步，会很令人兴奋。它们不像现代街道那样功能合理，但其空间构成是有机而复杂的，反而让人觉得非常有意思。

在这样的街道上漫步，会碰到各种不同角度的弯曲道路。这时经常会有这样的情况：当你为眼前的风景所打动，停在路边画那些街道的风景时，却发现要么把街道画成了斜坡，要么画成了扭曲的路。

若出现这种情况，在绘画时要留意以下事项。

画歪的原因，是直路的灭点高度和弯路的灭点高度不在同一水平线上。水平的道路即使弯曲，其灭点也必须在同一水平线上。

只要是水平的道路而不是坡道，不管是想画直线还是曲线，灭点一定都在人的视线高度上。

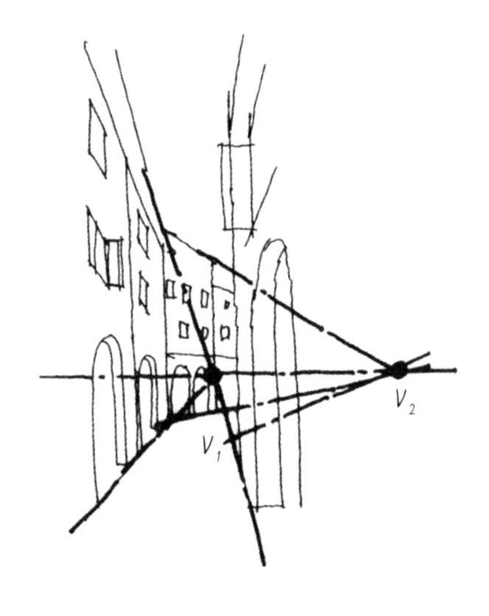

直线道路的灭点（V_1）和弯路的灭点（V_2）同在一条水平线上

画有台阶的道路

下面说明一下画台阶的方法。不管是上行还是下行，台阶都是比较难画的。令人头疼的是看不出画的是台阶。

取道路两侧建筑的灭点。就像前面“画弯曲的道路”中所说的那样，把弯曲的道路错画成斜坡，是因为灭点没在同一条水平线上；反过来思考的话，在视线高度垂直上方或下方选取台阶远处的灭点，应该就能画得像台阶了。换言之，上行的台阶灭点取在水平线的上方，下行的台阶灭点取在水平线下面，就能看出画的是台阶了。

等人的间隙画的速写（京都清水寺门前的产宁坂）

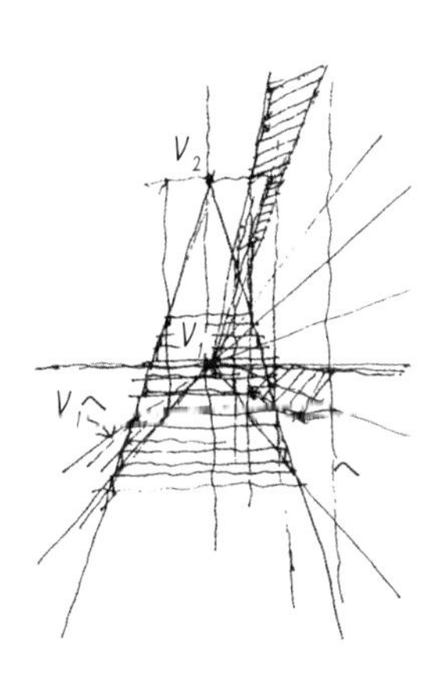

上行的台阶灭点（V_1）和房屋的灭点（V_2）在同一垂直线上

意大利的圣天使——遍布坡道和台阶的街巷

画斜向转折的建筑

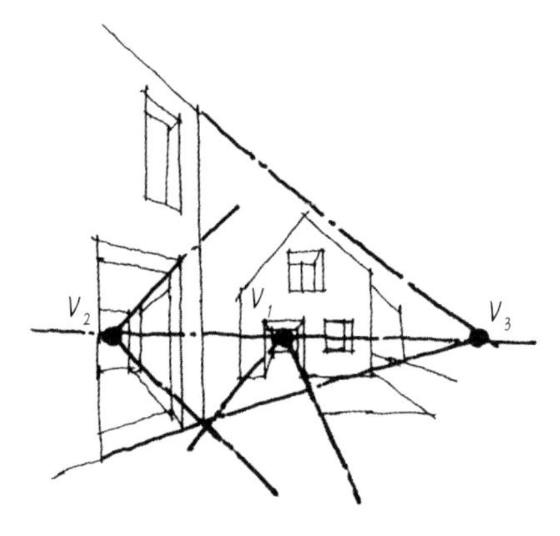

正面建筑的灭点（V_1）和有角度的建筑的灭点（V_2，V_3）在同一水平线上

画过街景就可以知道，不是所有的建筑都是和道路平行的，特别是西欧的古老街道，很多是由以各种角度转折的建筑所构成的，街巷的组成非常复杂。

在旅途中尝试画这种复杂的街道时，不时会发现所画的角度不同的建筑像要歪倒。究其原因，主要是灭点的位置有问题。即使不与道路平行的建筑，只要建筑是水平的，不管它以什么角度，所有建筑的灭点必须和视平线高度一致。

意识到这一点再去画的话，不管建筑有怎样复杂的转折，画出来应该都不会像要歪倒了。

角度不同的两座建筑

水平线、地平线与视线等高

水平线或地平线，是建筑等的灭点（V_1）的位置，也就是灭点位于视线高度上

无边无际的地平线、映碧生辉的水平线是格外美丽的。但是，在这种风景写生中，经常看到水平线偏低或地平线偏高的情况。

要请大家注意的是，能看到的最远处的水平线，就是建筑等的灭点位置，也就是说，灭点位于视线高度上这一原则。

换而言之，除了台阶和倾斜的屋顶以外，建筑的地面等水平物体的灭点，必须在水平线或地平线上。

海边某度假胜地的风景

建筑的灭点在水平线上（希腊圣托里尼岛的聚落）

第四章
简单的透视图

在表现一座建筑时，能清晰明了地展现建筑形态的透视图是最有效的。

这与前面叙述的无须拘泥于形状的素描不同，透视图必须正确地表现形状。下面就说明一下简单的画法。

选定灭点

正立面图

只在进深方向设置灭点的一点透视图，要根据灭点的位置来决定角度。若想表现房顶，火点就向上定；若想展现天花板，就在较低的位置选取灭点。

想要表现什么，或想重点刻画什么地方，要考虑好后再决定灭点的位置。

眼前所展现的风景和建筑，原本应该是三维的空间，将其原封不动地在纸上描绘出来绝非易事。在二维的平面上描绘三维空间的技法，是西欧文艺复兴时期才发明出来的，在此之前，人类曾煞费苦心、想方设法来表现立体。

现在，通过这种透视法就能画出空间和立体图。

特别是画出自己想象的虚构建筑，与临摹眼前存在的现实物体的写生完全不同。这时，若知道简单的绘图法，就能轻而易举地画出来。

因为建筑是三维的空间，由高度、宽度和深度构成一个立体。现在就来说明一下如何把这种立体形状在平面的纸上表现出来，还能看出立体形状的简单画法。

这在画法几何中叫作一点透视法。这样看过去时，看到的建筑是站在这个建筑的正面所看到的状态。在这种状况下，只有进深方向存在灭点，而且高度和宽度两个方向都是平行的。

首先，像上图那样画出建筑的正立面图。然后，在视点的位置确定灭点。进深方向的线都集中在这一点，给出适当的深度。灭点的位置不同，建筑所表现的意图也各异。像49页左上图那样，灭点取在建筑的内侧，就能表现内部；像左下图那样，在外侧的上方取灭点，就画成了表现建筑房顶等外观的鸟瞰图。

画上影子，可表现立体感

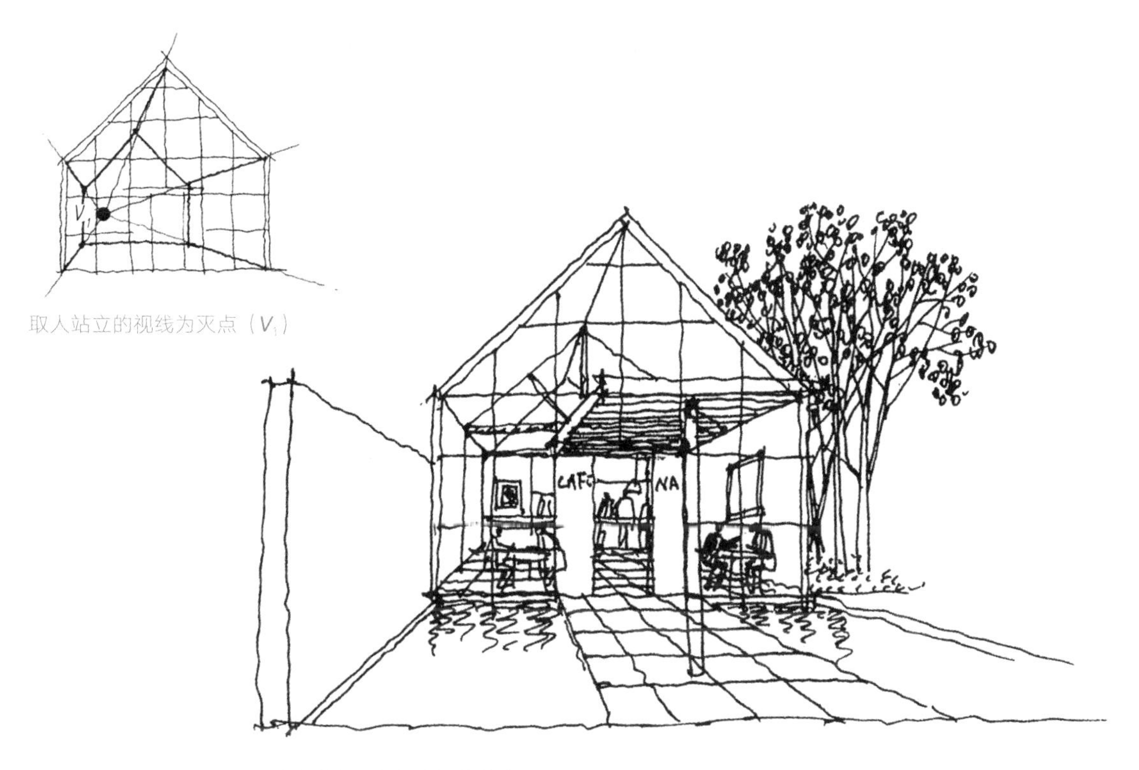

取人站立的视线为灭点（V_1）

透过玻璃表现内部空间的状态

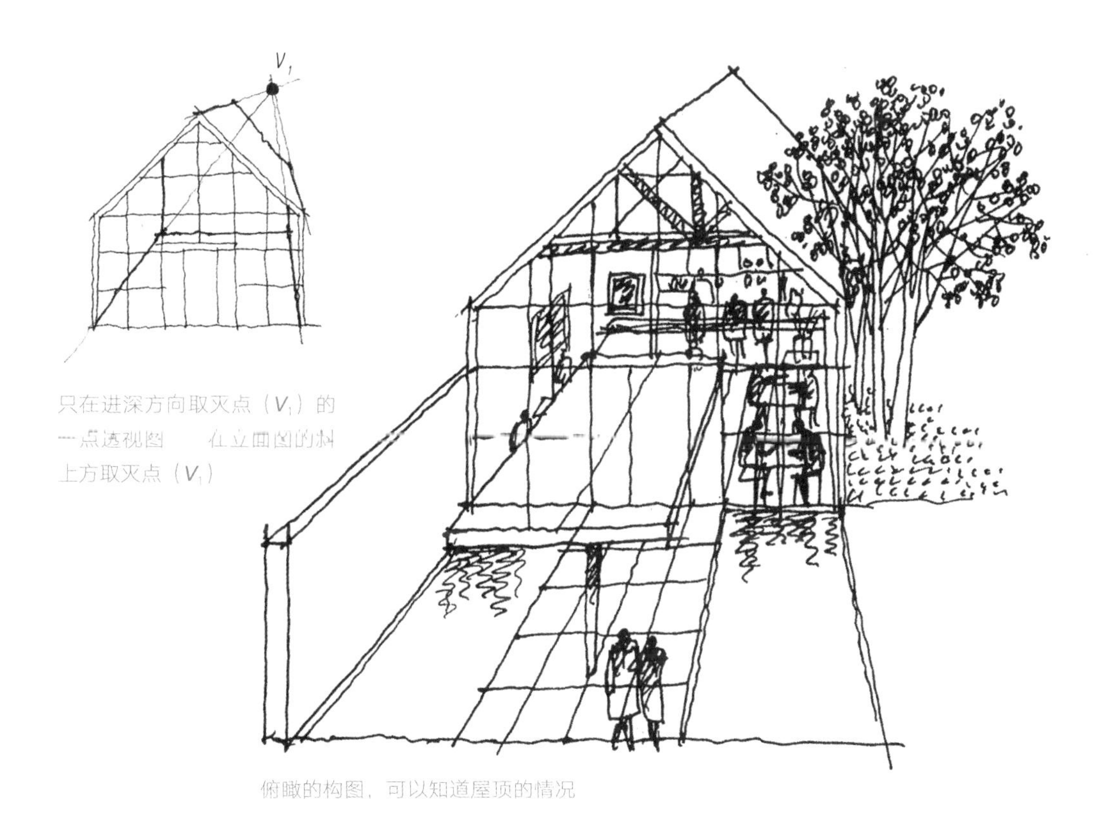

只在进深方向取灭点（V_1）的一点透视图　在立面图的斜上方取灭点（V_1）

俯瞰的构图，可以知道屋顶的情况

昆虫视角的虫观图

这种透视图是将视点降低到 GL（基线）位置看到的构图。在地面上爬行的小昆虫看到的景色大概就是这样的。因为从昆虫的视点看不到地面的状况，就没有必要画地面部分；但反过来，不要忘了，其缺点是不能说明地面的情况。

毋庸置疑，虫观图的叫法是俗称。鸟瞰图是像小鸟从上空俯瞰到的透视图，相反，这种特指在地面爬行的昆虫由下往上看的图就由此得名了。

从地面上选取灭点（V_1）的构图

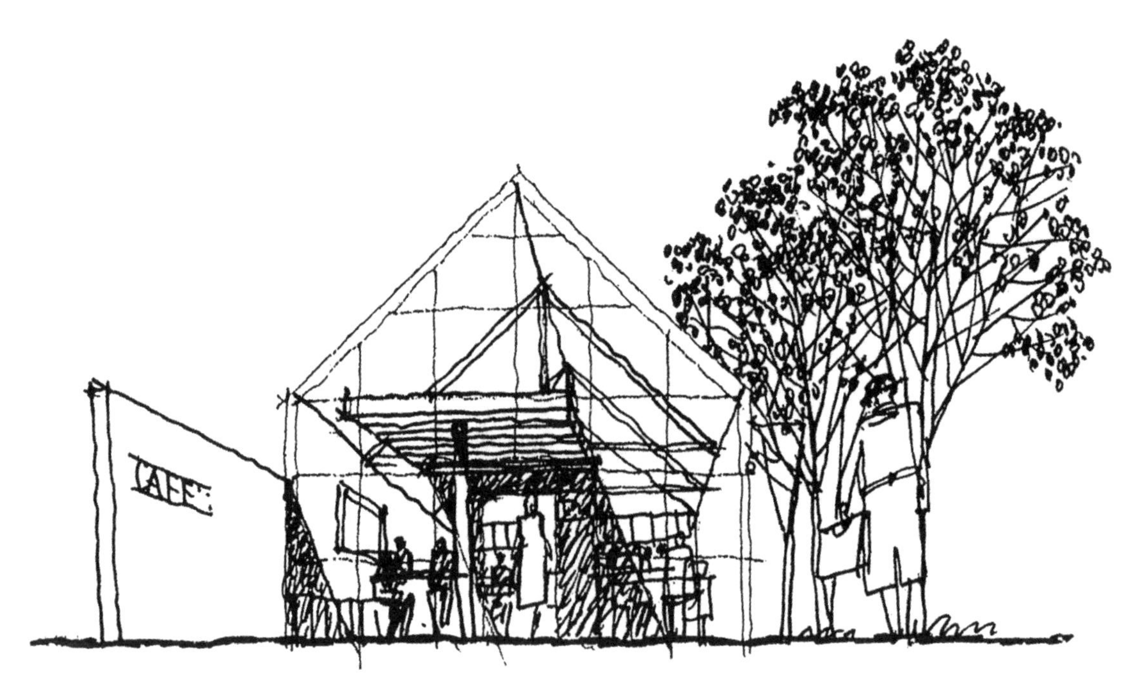

从低视点看去的视野，很有震撼力

进深方向取平行

平行透视图的一种画法，是从立面图以任意一个角度平行画出进深，构成立体图。这种平行透视图法，不遵循远小近大的透视原则，是一种不管远近都保持物体大小不变的简易绘图法。在人们还不知道透视图法的时代，为了表现远近，就曾用这种类似的画法绘制画卷、屏风等。

变换进深的角度，可以得到各种不同的视点

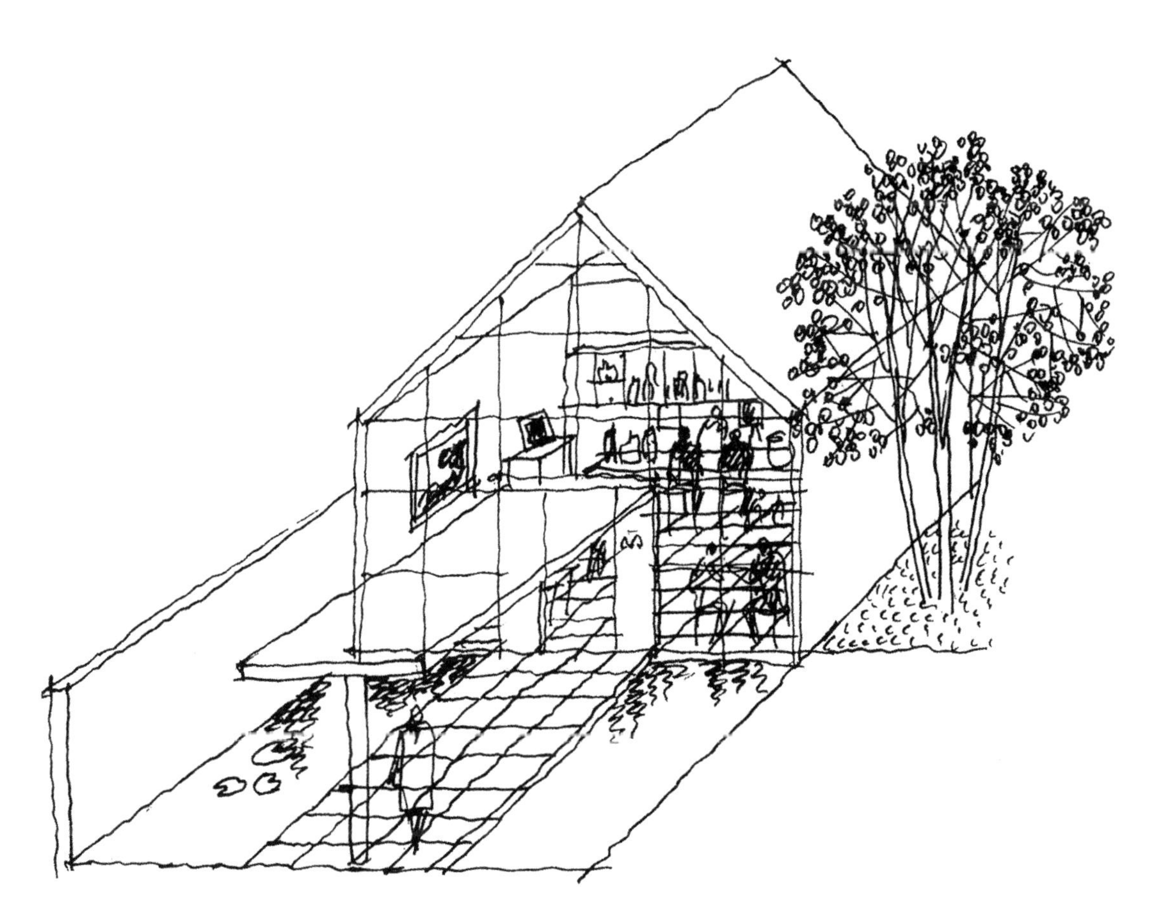

进深、高度、宽度三个方向都平行

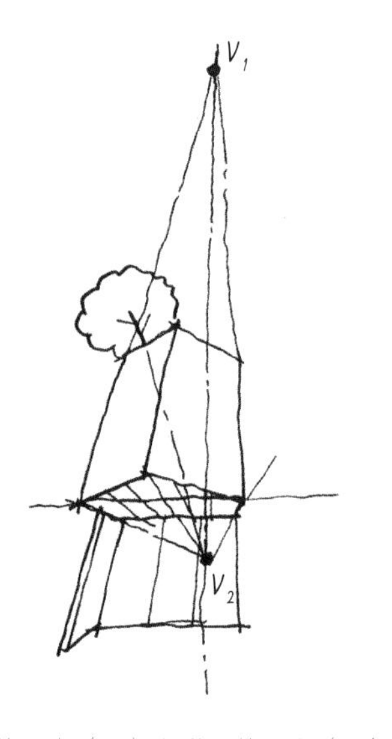

高度的灭点（V_1）和进深的灭点（V_2）必须选在同一条垂直线上

飞鸟下视的鸟瞰图

想让大家了解的是，即使只有一个灭点，根据进深、高度的选取方法及其位置的不同，也可以展现不同的视角。

在此介绍另外一种用上下两个灭点画透视图的练习方法。

我想大家已经看惯了有左右两个灭点的透视图。这种上下两点的透视图，有进深和高度两个不同方向的灭点，就像小鸟在天空飞行时看到的构图。

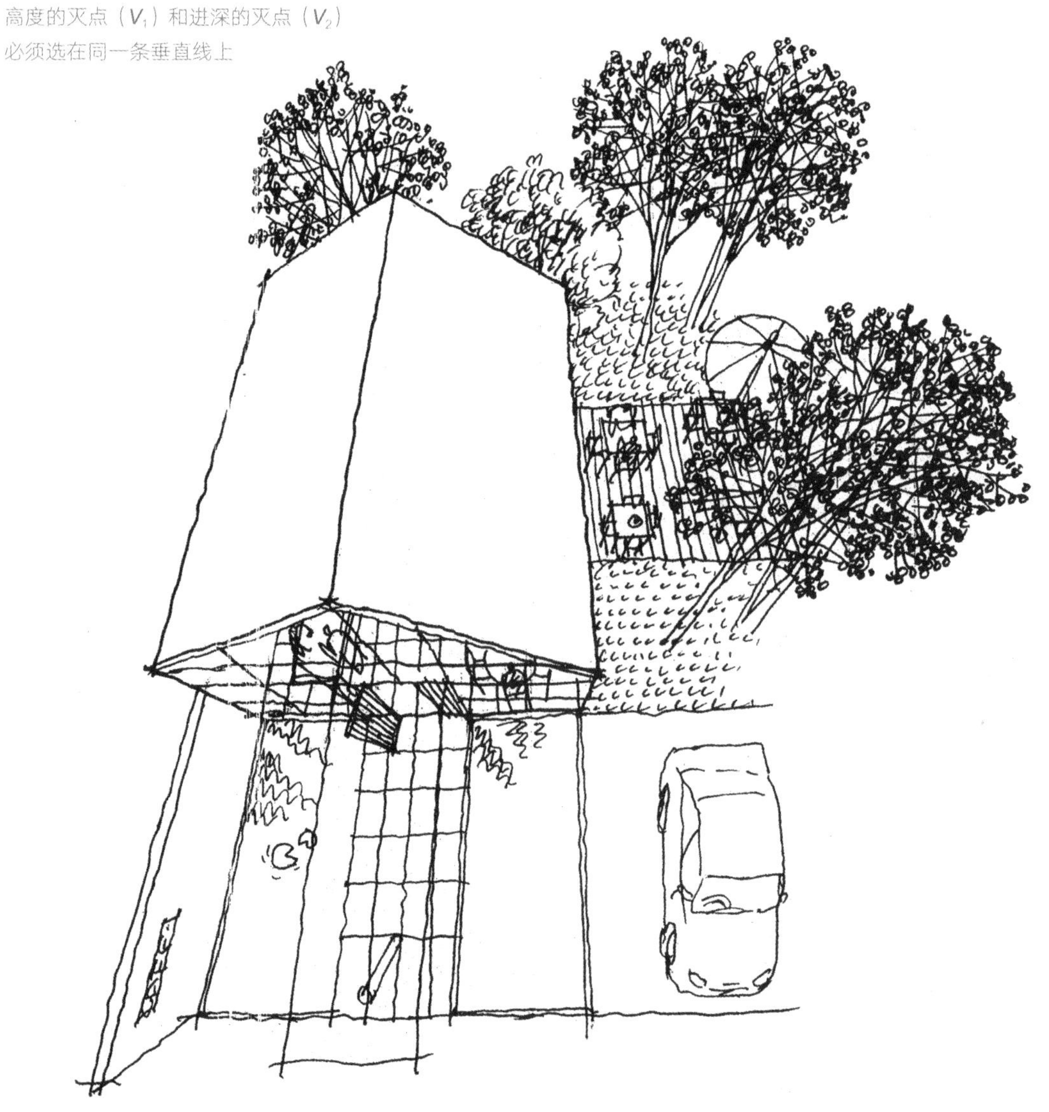

俯瞰的构图，可以表现建筑和周围环境的关系

老鼠窥视的鼠瞰图

就是从正上方俯瞰的透视图。因与老鼠从天花板上所窥视到的角度相似，故称鼠瞰图。与平面图和顶视图相比，它是可以简单表现立体空间的绘图法。请一定掌握它。

这是把平面图作为基本图，只从高度方向聚焦的绘图法。这种画法的特点是在说明平面布局的同时，就可以把房间立体地表现出来。

另外，看了这两张图就可以明白，对于同一张图，不管朝上下左右哪个方向旋转，视觉上都没有什么不协调之感，这就是它的特点。

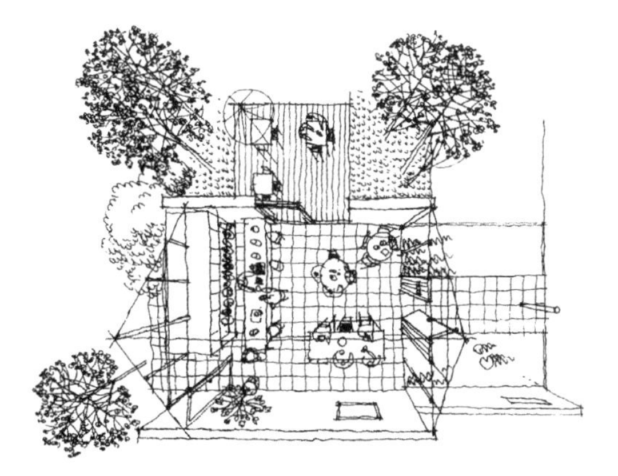

不管怎么旋转，视觉上均无不协调之感的构图

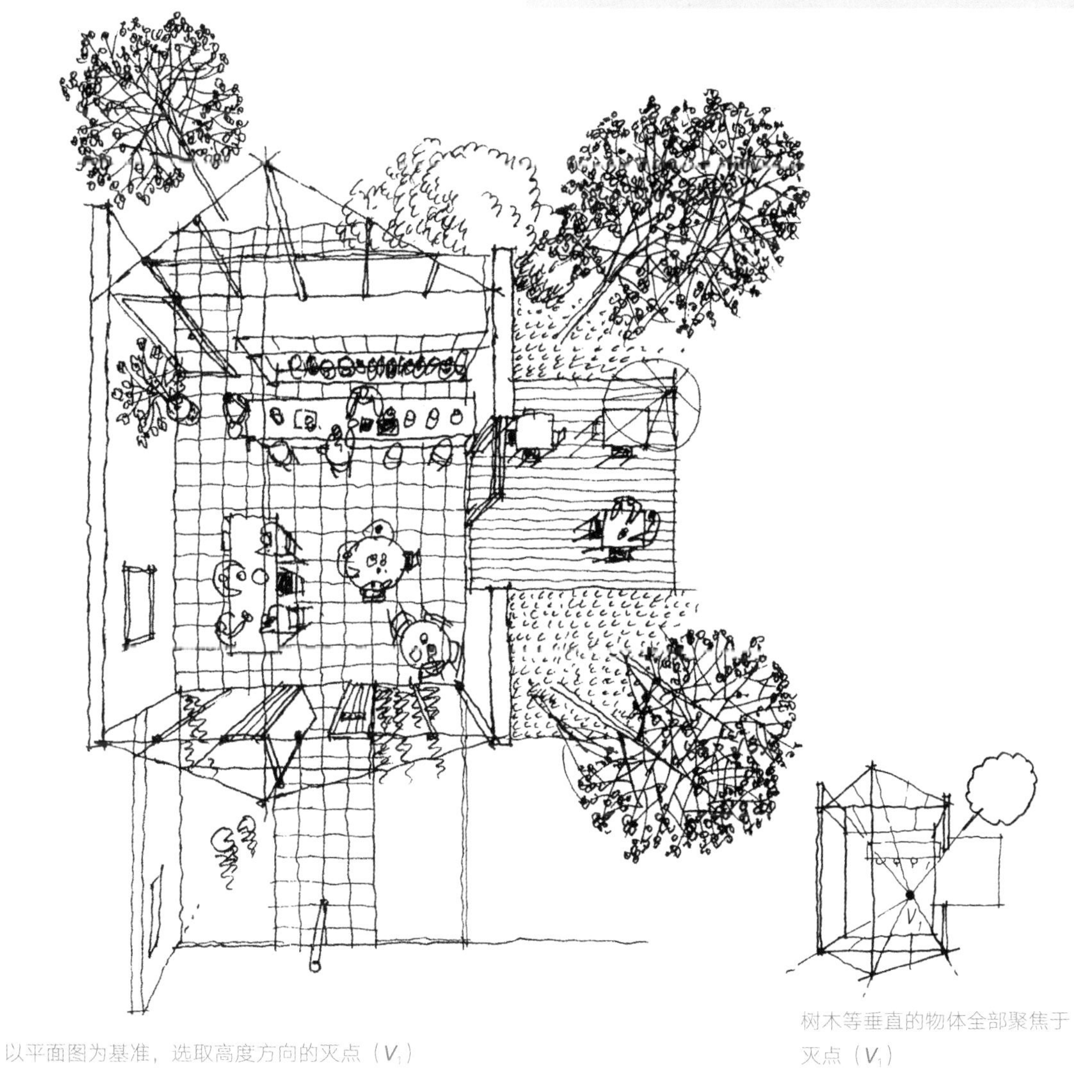

以平面图为基准，选取高度方向的灭点（V_1）

树木等垂直的物体全部聚焦于灭点（V_1）

第五章
挑战“玻璃之家”

美国建筑师菲利普·约翰逊的“玻璃之家”，是众所周知的别墅设计名作。

矗立在美国康涅狄格州的“玻璃之家”，被美丽的绿色森林所环绕。这种环境，使得与自然融为一体、充满透明感的住宅空间成为可能。

在画这一名作时，建筑物本身当然也很重要，但是假如不能充分描绘周围的自然环境，就不可能更好地表现名作。

下面就开始挑战“玻璃之家”吧。

定一个灭点

首先，用一点透视法画出堂堂正正的正立面。

先画立面图，任意决定一个灭点。朝灭点方向把建筑的四个角和灭点连接起来。透过前面的玻璃，画出室内另一侧的墙壁。然后画出厕所和浴室的圆形筒，再画上家具和窗框。

我觉得建筑的轮廓画起来比较简单，难点在于刻画周围的优美环境。各种树木林立，故请先仔细捕捉树形的特征再展开刻画。

从正面用一点透视法绘制的“玻璃之家”

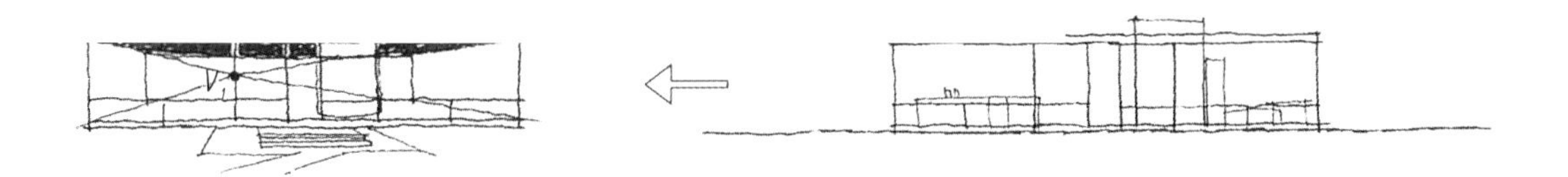

在立面图上选取灭点，画出进深

从正上方的一点俯瞰

在平面图上选取高度方向的灭点（V_1）

这是纵、横方向都平行，只从高度方向取灭点的俯瞰透视图。与第四章所讲的“鼠瞰图”的画法一样。

具体的画法是在平面图的任意位置上选取灭点，将柱子、墙壁、窗框的位置和灭点相连，选择不同的高度，就能画出从地面到天花板之间的任意平面图。当然这些平面图都是相似形。

请不要忘记，垂直的树木也和这一个灭点相连。

去掉屋顶，从正上方俯瞰

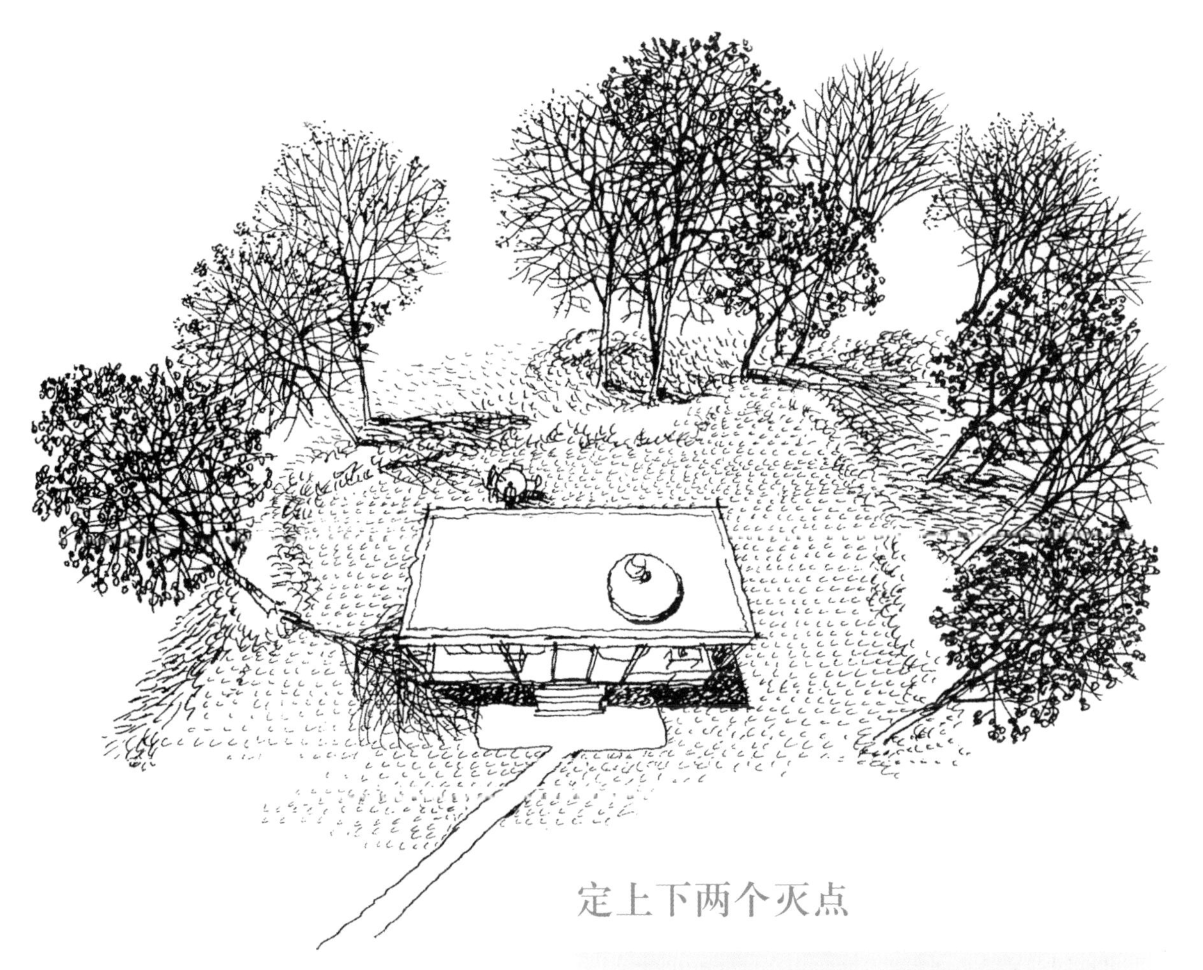
从上面看到的“玻璃之家”

定上下两个灭点

我想有左右两个灭点的透视图（62 页）是大家经常有机会看到的，但大家可能还不太了解这种有上下两点的透视图。这种画法是简单的鸟瞰图，用来说明建筑整体的形状是非常方便的，故请一定记住这种方法。

简而言之，就是宽度平行，在高度和进深方向连接火点的画法。因此灭点选在垂直线的上下两点。上面的灭点（V_1）是进深方向的灭点，下面的灭点（V_2）是高度方向的灭点。

这种画法强调高度的远近，因此，就像在建筑物上空飞行的飞机上往下看到的一样，是一种身临其境的构图。必须注意的是，不要忘了周围树木的树干要连接到高度方向的灭点（V_2）。

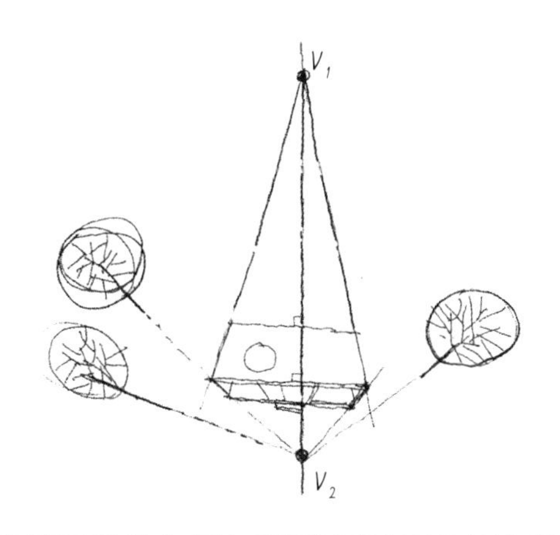

进深方向的灭点（V_1）和高度方向的灭点（V_2）在同一条垂直线上

从平面图往上移所画的平行透视图

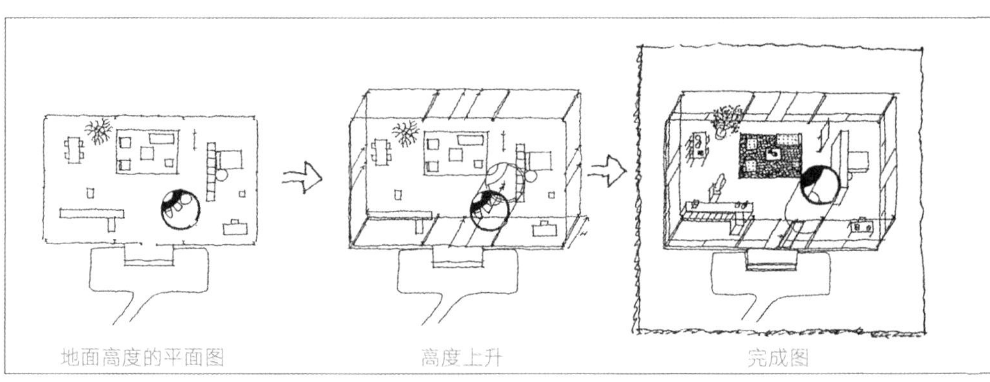

平行透视图的两种绘图顺序（不管是将天花板高度的平面图平行下移， 还是把地面高度的平面图平行上移，都可以画出相同的完成图）

平行上移和下移

这是把顶视图或平面图沿高度方向平行移动的绘图法。又叫平行透视图法、等角透视图法、轴测图法。

右图(61页)就是将“玻璃之家”的顶视图作为基本图，把高度下移所画的平行透视图。

左图（60页）是把“玻璃之家”的平面图上移的平行透视图。

从平面图画出平行透视图的方法，有下面两种“绘画顺序”：一种是把天花板高度的平面图往下移动的画法；另一种是把地面高度的平面图往上移的画法。

从顶视图把高度下移所画的平行透视图

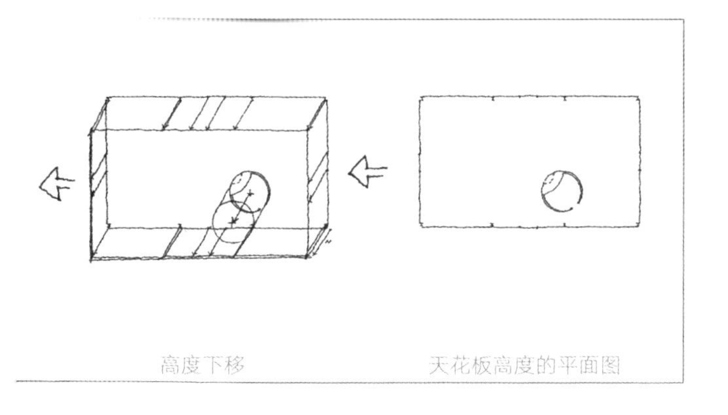

定左右两个灭点

这是在进深和宽度方向连接灭点的两点透视法。

正确的画法就省略不谈了，请对照一点透视图。两点透视图看起来很自然，构图上可以有所变化。

这个“玻璃之家”的特点就是与大自然融为一体的透明感，因此玻璃的表现就是什么都不画，即只作为透明的东西来展现。

用两点透视法画的“玻璃之家”。重要的是不仅画出建筑，还要充分描绘其周围的环境

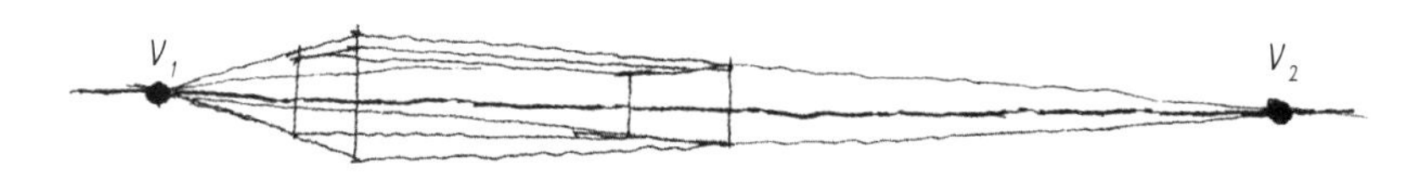

进深方向的灭点（V_1）一定要和宽度方向的灭点（V_2）在同一水平线上

第六章
画室内

只要掌握了室内的一种画法，不管多么复杂的室内空间，也能用这一画法画出来。

这就是在进深方向连接一个灭点的“一点透视法”。

其中，比较麻烦的是楼梯、倾斜的墙壁和倾斜的天花板。

请掌握这种画法。

从展开图开始画的一点透视图（有大片高侧窗采光的室内）

从展开图开始画

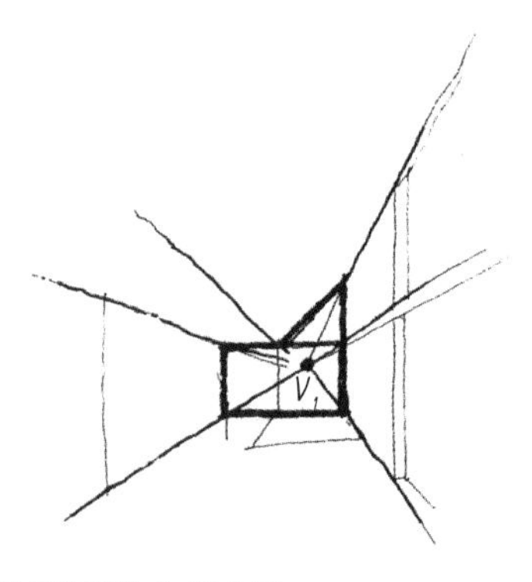

以展开图作为基本图

这是以室内的一面墙壁展开图为基准的简便的一点透视图。面朝墙面，正对的墙壁就是展开图。

①面朝墙壁，视线落在正面的交点就是灭点。

②从那个灭点连接墙壁和天花板等处的各个转角。

③确定进深，使地板看起来呈正方形。为了练习，不要依赖画法几何，而是按照自己的感觉来决定这个进深。

④然后画上窗户、家具等，再透过玻璃画出外面的庭院。

由剖面图画出的一点透视图与左图剖面相同的室内透视

从剖面图开始画

以剖面图为基准的作图

表现建筑内部空间的画法，有一种是能看到建筑剖面的剖透视。这种图在展现室内的同时，又能表现出建筑的结构、空间的重叠以及高度等情况。

①首先画一个大的剖面图。

②在适当的位置选取灭点，然后把各个角和灭点相连。

③决定房间的面积大小，也就是进深。

尽端的墙面就是展开图。

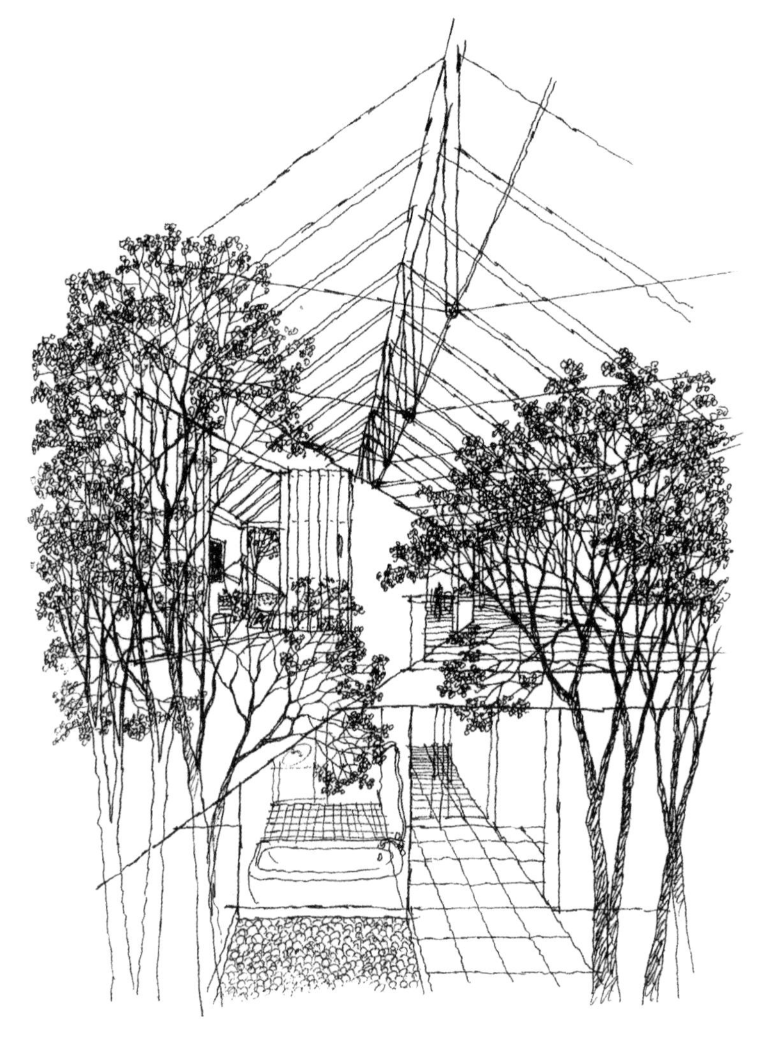

斜的墙壁贯穿（整个建筑）的半室外空间

有斜墙的室内

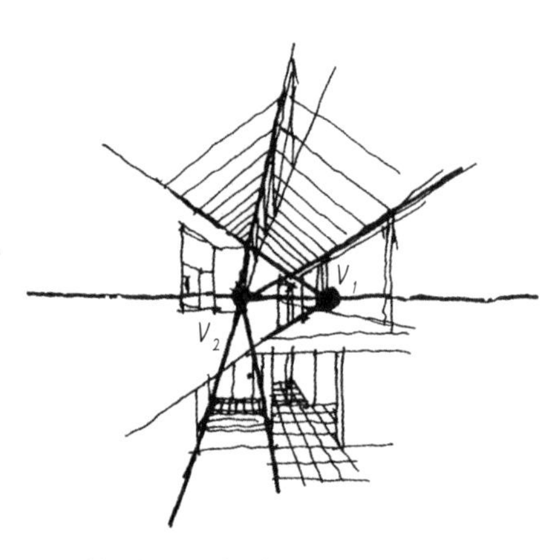

斜墙的灭点（V_1）和正面的灭点（V_2）在同一水平线上

建筑有各种不同的形状和建造方法。但是，我们更多的是生活在规整的四方形建筑和空间里。

在这样的空间中生活并看习惯了之后，如果换成三角形的空间，或倾斜的墙壁，可能会带来不同的、刺激的、愉快的生活体验。

为了在草图中更好地表现斜墙，使其看起来是倾斜的，需要一点窍门。

一般来说，房间的灭点和斜墙的灭点都在视线的高度上。请注意不要忘了斜墙上的窗户和开口也要与这个灭点相连。

在大型通高空间里斜向设置的方盒子

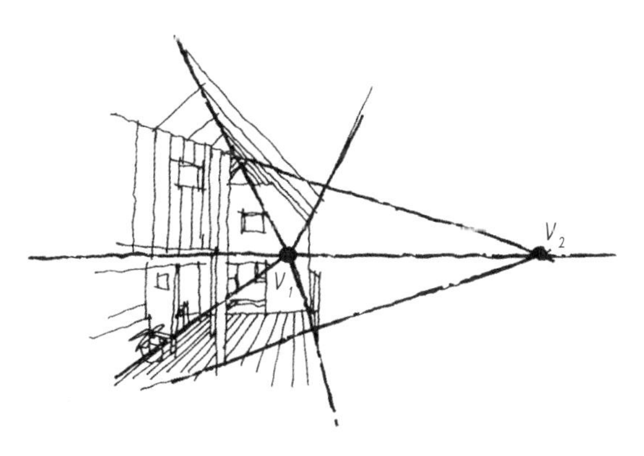

通高空间的灭点（V_1）和斜向设置的方盒子的灭点（V_2）在同一水平线上

（同时）拥有水平天花板和前端下倾的天花板的室内

画倾斜的天花板

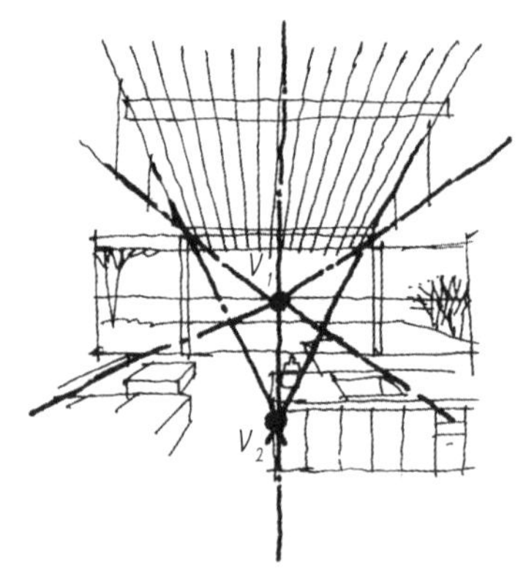

水平天花板的灭点（V_1）和前端下倾天花板的灭点（V_2）在同一垂直线上

画水平的天花板已经没有问题了，但在画向下倾斜的天花板时，却意外地发现看不出是倾斜的。

这与画台阶和坡道原理一样，画的时候请留意：室内灭点的垂直线上还有倾斜的天花板的灭点。换而言之，在一条垂直线上，同时存在室内和倾斜天花板的两个灭点。就像上图那样，下倾天花板的灭点在(水平)天花板(灭点）的下方；相反，像 69 页上图那样上倾的天花板的灭点，则在室内灭点的正上方。

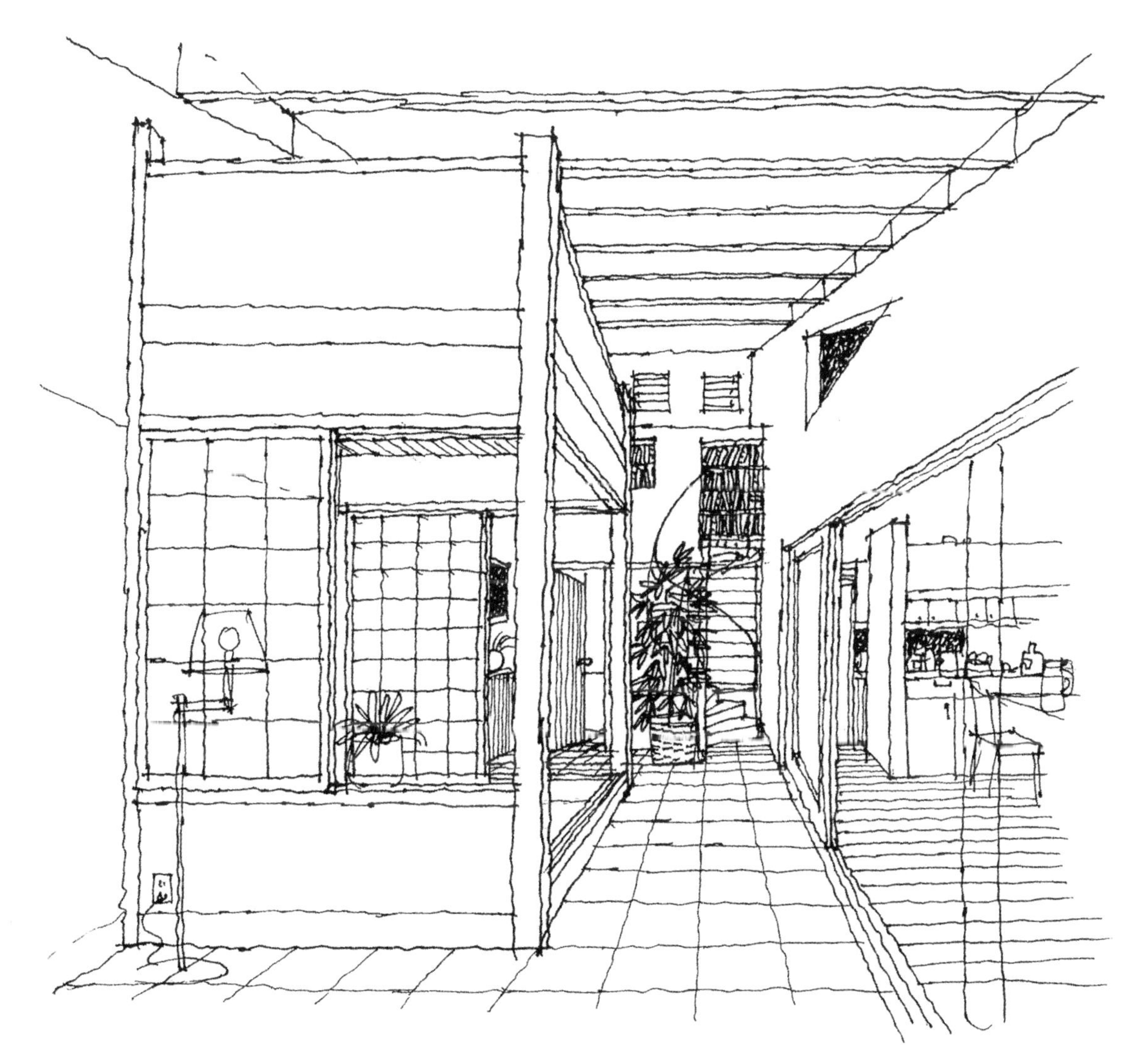

天花板前端上倾的半室外空间

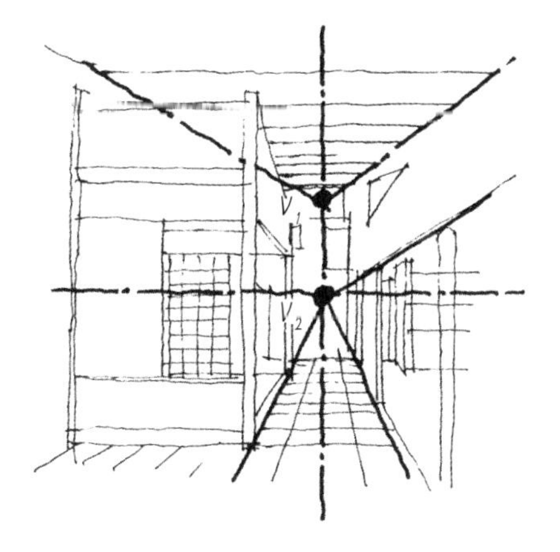

前端上倾的天花板的灭点（V_1）和水平高度的灭点（V_2）在同一垂直线上

有楼梯的中庭和它对面的起居室

画楼梯

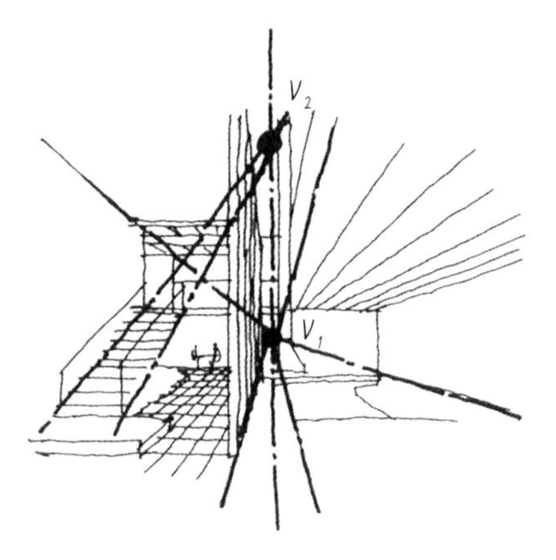

室内的灭点（V_1）和上行楼梯的灭点（V_2）在同一垂直线上

试着来画室内的楼梯和倾斜的地面吧。与第三章“画有台阶的道路”所述的画台阶的方法和原理相同，楼梯倾斜的灭点一定在室内灭点的垂直线上。上行台阶的灭点在上方，下行台阶的灭点在下方。即使不按正式的绘图法也没关系，只要意识到这一点去尝试着画，也可以准确地表达室内的空间。

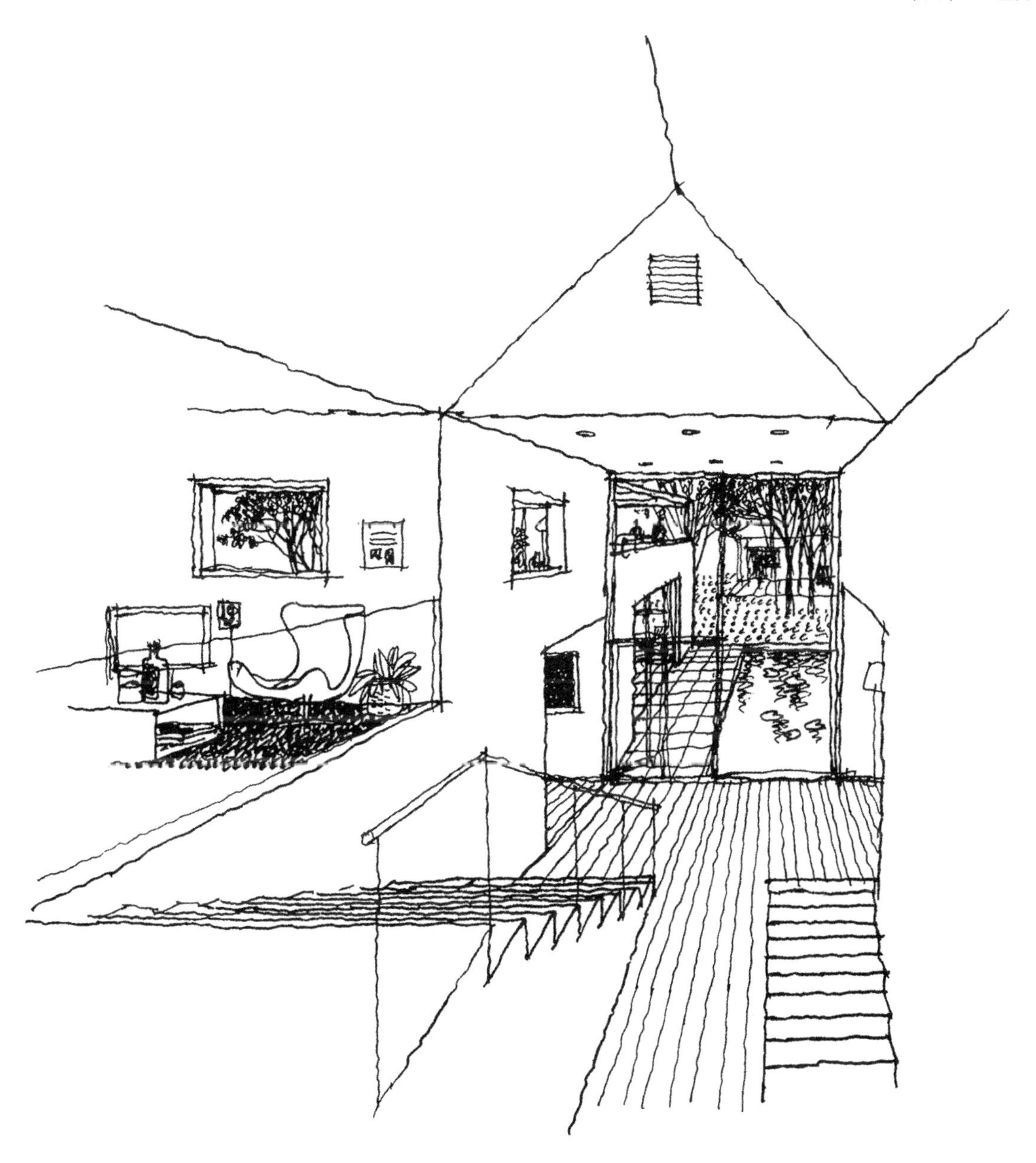

有下行台阶的通高空间

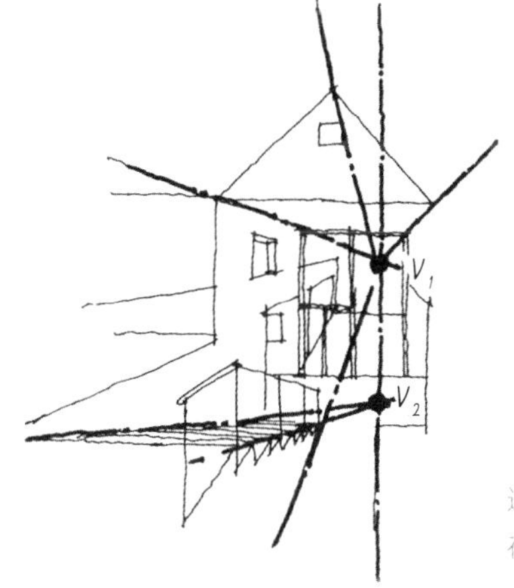

通高空间的灭点（V_1）和下行台阶的灭点（V_2）在同一垂直线上

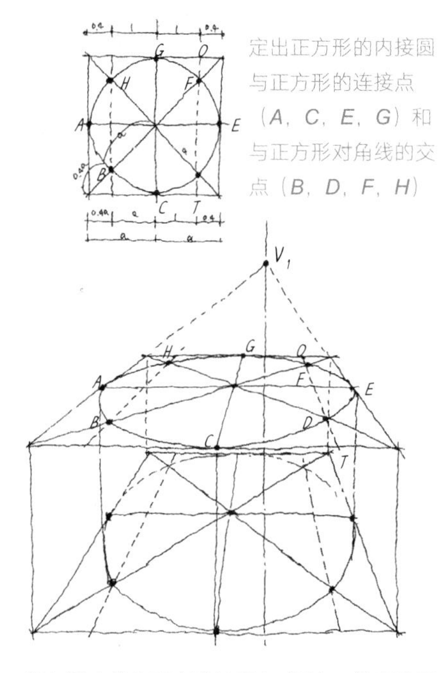

定出正方形的内接圆与正方形的连接点（*A*，*C*，*E*，*G*）和与正方形对角线的交点（*B*，*D*，*F*，*H*）

取与圆内接的正方形的灭点（V_1），给出进深。如图所示，在半径（正方形1/2边长）上1 ：（$\sqrt{2}$-1）（即10 ：4）的位置画分割线（*T*、*O*）与对角线相交，就是圆和对角线的交点

画圆形

即使画草图很熟练的人，把圆形的东西画得看上去很圆也是比较困难的事。

试试用一点透视法，不要画歪、画斜。

按照画法几何原理，画出正方形的内接圆，在透视图上求出正方形和圆的各个交点就可以了。

请看左图。如图所示画一个正方形和其内接圆的平面图，定出每个交点。需要特别说明的是圆和正方形对角线交点的（透视）确定方法：取正方形各边的二分之一（内切圆半径），在其10 ：4［即1 ：（$\sqrt{2}$-1）］的位置连线，得出连线与对角线的交点。这样就得到了8个点。把这个图形的平面图，用一点透视法画出来即可。

下面透视图的作图示意

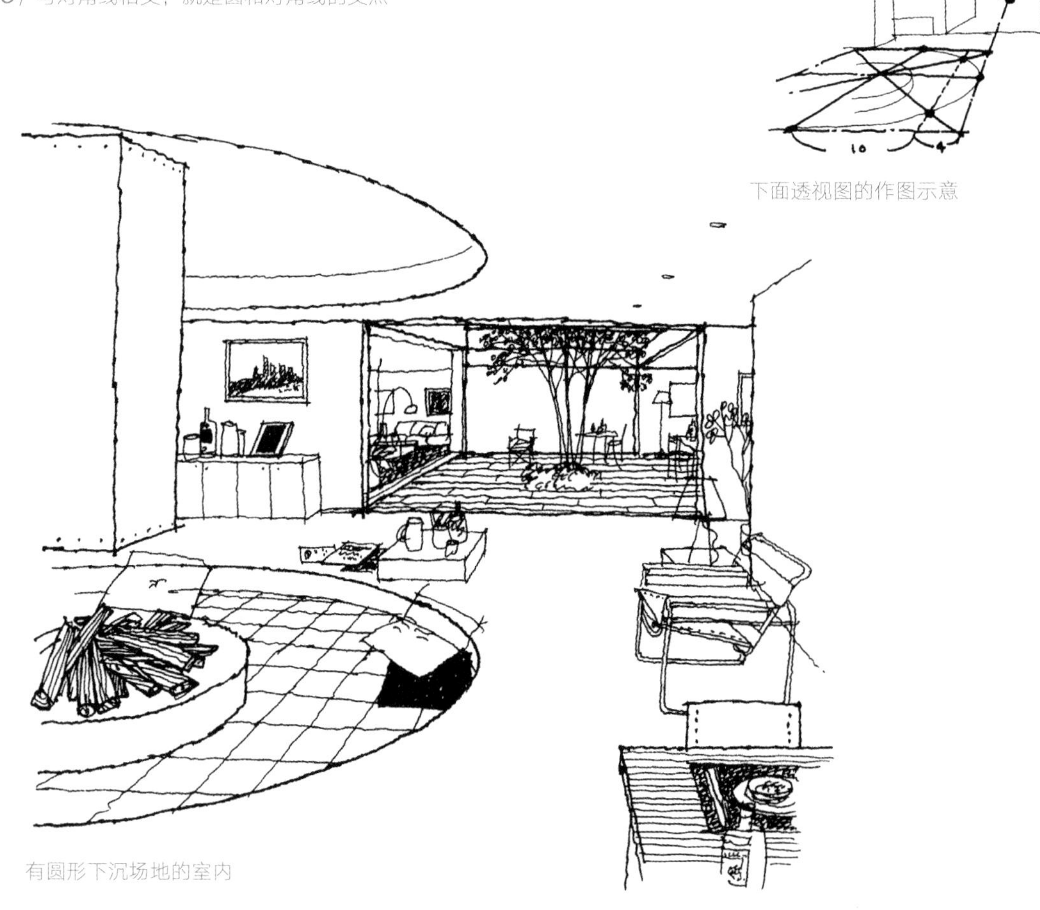

有圆形下沉场地的室内

第七章 简单的展示草图

展示草图，是把自己的想法和设计，以简单明了的方式有效地向对方传达。以像过圣诞节、过生日以及给恋人送礼物时的心情，用心去画展示草图。

一棵大树，令人印象深刻的草图效果

衬托主角的配景

能够立体而简单明了地表现建筑的是透视图。但是，不管所表现的建筑画得多么好，假如不去适度地描绘周围的环境，也不能准确地传达设计的意图。

如果说建筑是主角的话，突出和衬托这个建筑的配角就是建筑周围的树木、汽车或人物等。这些就叫作配景（点景）。有时配角起着比主角更重要的作用。这也就是说，没有大自然的存在，或许我们的生命和生活也将无法维持下去。

通过配景，可以表现建筑处在怎样的自然环境中；如果画上人物和汽车，即便草图很粗略，也能让人一看就理解建筑的大小、空间的宽窄等。

画树木

一般来说，建筑物用尺规就可以画出来，但是，像树木、汽车等复杂的形状，无论电脑的性能多么优化，离开人的手也无法画出那种韵味。

首先，让我们练习画一棵树。这是姿态优美的树木草图。要仔细观察树枝的生长方式、树叶的形状以及树木的骨架特征。

先画树干，然后画树枝和小枝。请注意观察树枝的形状和分叉的状态。如果能细致地刻画出树枝，不画树叶也可以。

树干要画细，小枝多又密，树叶添少许，是画树的秘诀。

树木的草图，要一边观察枝干的生长方式和特点一边画

树林和森林都是一株株树的集合（集木成林）。首先，画树干和树枝

画完树干和树枝，再添上树叶。画上人物，就能知道树的大小了

树干和新发芽的树——窍门是树干要画细，小枝多又密，树叶添少许

某别墅区的树林

根据不同树种画出树枝生长的特点

竹林。抓住枝、叶的形状特点来刻画

韩国的松林

画汽车

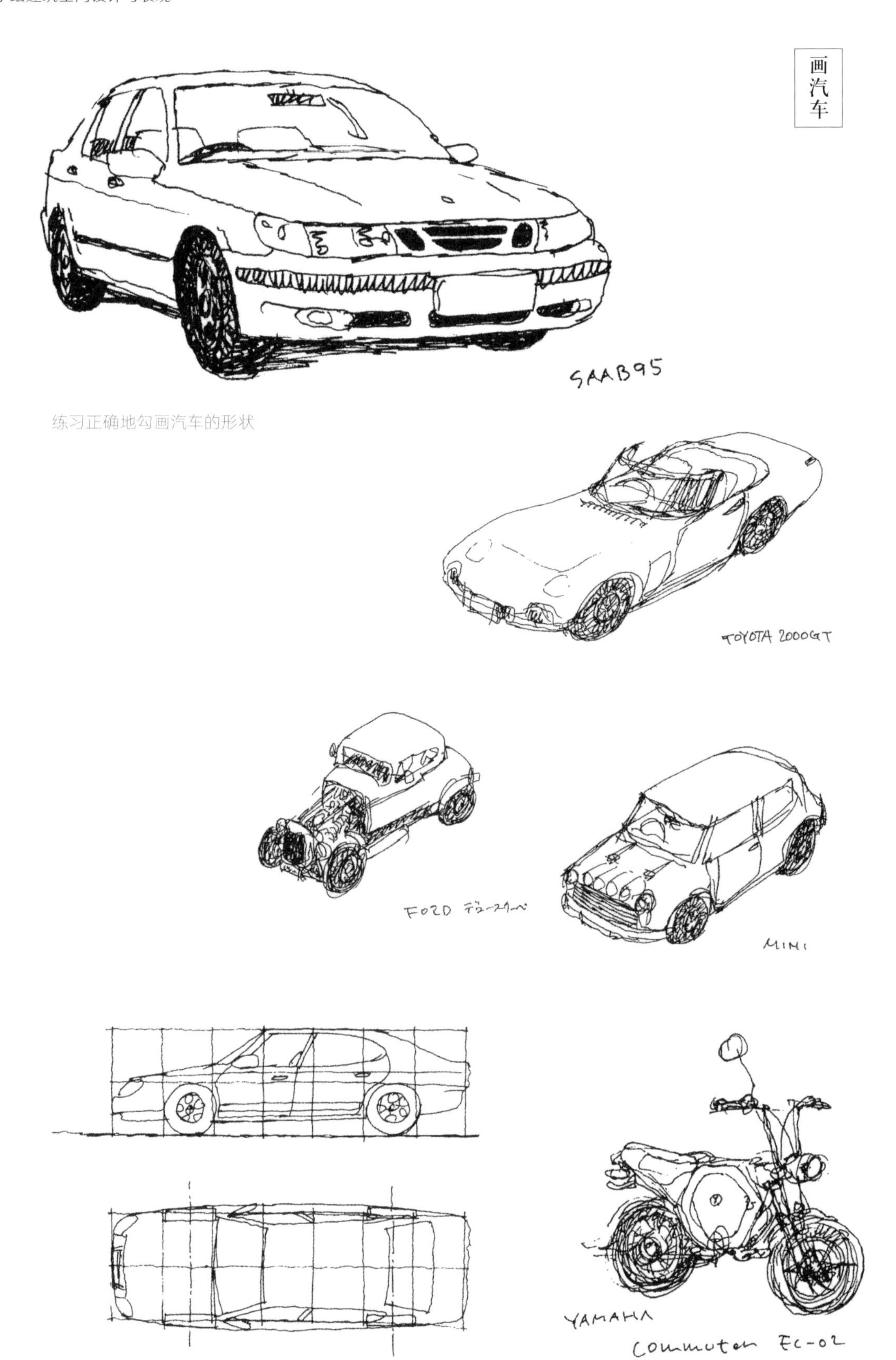

练习正确地勾画汽车的形状

了解汽车的各部分比例——分成方格，画出汽车的立面图和平面图

为了解机动车的比例和组成而做的练习

画人物

练习画人物

练习刻画人物的各种姿态——在网格中加入人物的肢体，以此为基础来勾画

远景中画上人物，就能知道空间的尺度

加上阴影，呈现立体感

光线照射在物体上当然会出现影子。根据明暗部分的微妙差别，可以正确地识别该物体的形状。

为在二维平面上画的建筑立面图加上阴影，同样可以呈现出立体感。请一定掌握这种添加阴影来呈现立体感的表现技法。

画阴影并非难事。虽说在草图阶段仅凭感觉画即可，但还是要去逐渐练习正确地画出阴影。

请不要忘记两个原则：高度和阴影的长短成正比，另外太阳光是平行的。

阴影的长度由凹凸的深浅比例来决定。太阳的高度角为 45° 时，如果建筑有一米长的出檐，就可以画一米长的影子，不过根据图面的情况缩短或拉长阴影，就可以调节图面使其看起来更有立体感。

给住宅的平面图画上影子，使其看起来更立体

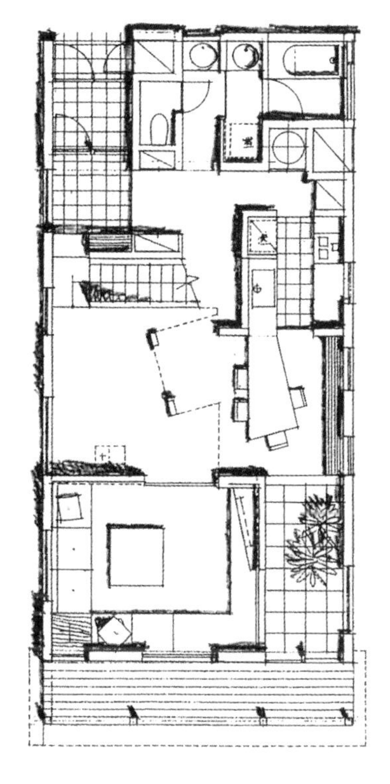

给平面图加上阴影，墙壁可凸显出来

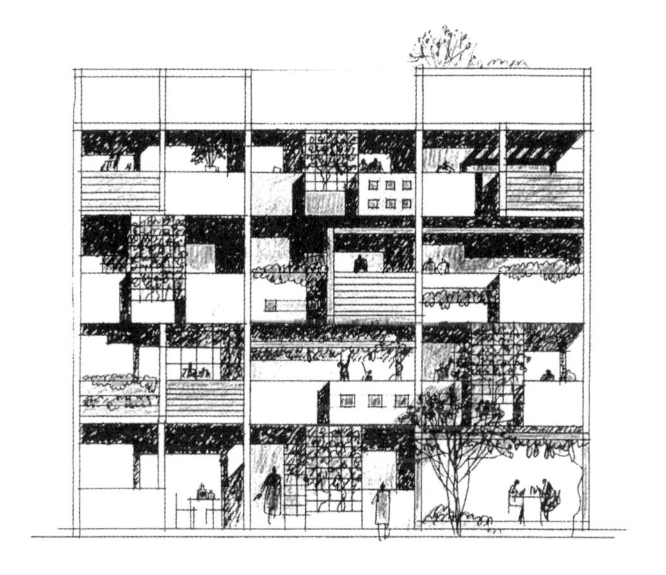

给立面图画上阴影，建筑呈现出立体感

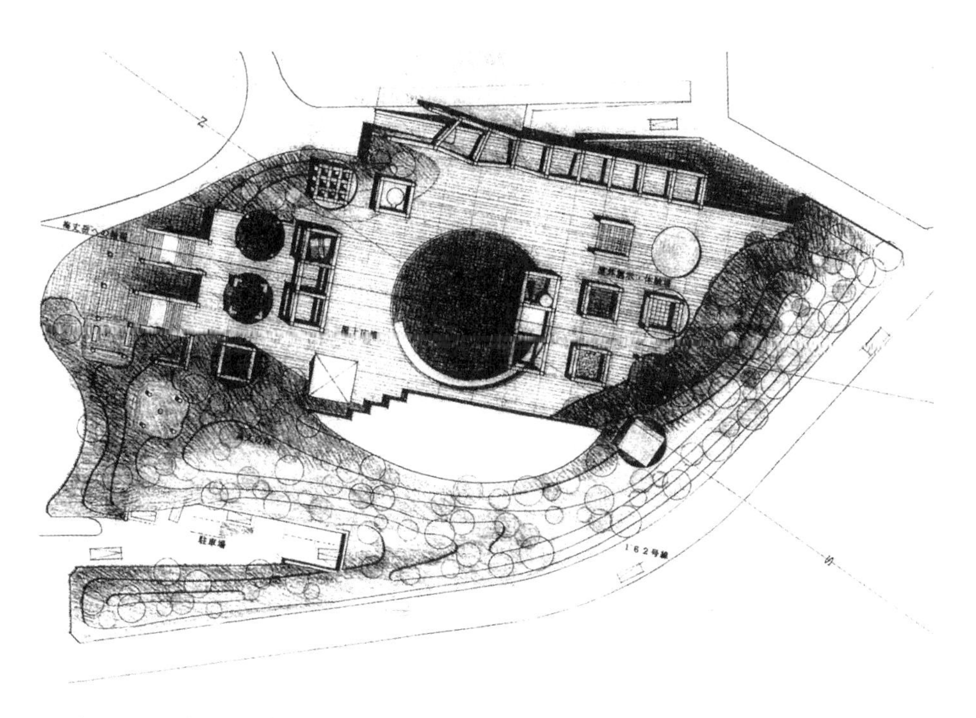

画上阴影，可表现出建筑和土地的起伏

通过添加阴影，可表现出建筑和塔的高度（意大利锡耶纳的坎波广场）

小型山庄的表现法

到目前为止，我们学习了草图和简易透视图的画法。

现在，来尝试练习将自己想象的建筑空间简单展示出来的草图吧。

由于立体是三维的空间，而平面图或横向看的立面图等，都是画在二维平面上，将这几种二维图的信息结合起来才能表现立体。因此这些图须逐一地准确绘制。

这其中，建筑的平面图是表现房间的大小和空间关系的基本图面。但是只画出房间的大小或空间的关系，对通过本书学习草图的各位来说还远远不够。

我希望大家所画的图，即使不写房间的名称，也能让其他人都很容易理解各个房间的用途。

为此，如果能把地板的材质、桌椅等生活用具，以及坐便器、浴缸等生活必需品也都画进去的话，房间的用途就一目了然了。展示的最终目的就是让人一目了然。

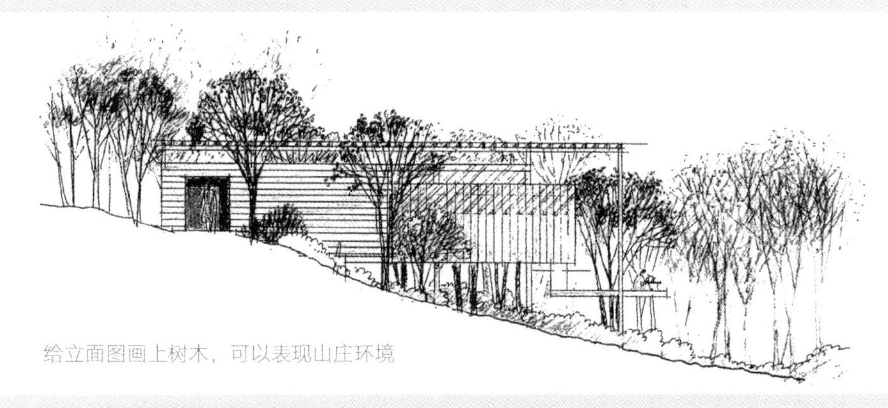

给立面图画上树木，可以表现山庄环境

此外，一定不要忘记把周围的环境，也就是与道路的联系以及庭院和树木等一并画进去。

在这里展示的这个例子，是坐落在斜坡上的一个山庄。这个山庄位于绿色环绕的大自然中，因此，不管平面图还是立面图，树木的描绘都是必不可少的。在立面图和剖面图上，建筑前后的树木也要画上去。

另外，我们还给平面图添加了阴影，这样墙壁就凸显出来了，使图面开口部位清晰可辨。

想方设法去尝试具有你自己个性的独特表现吧！

给剖面图画上人物，可以呈现山庄的生活情景

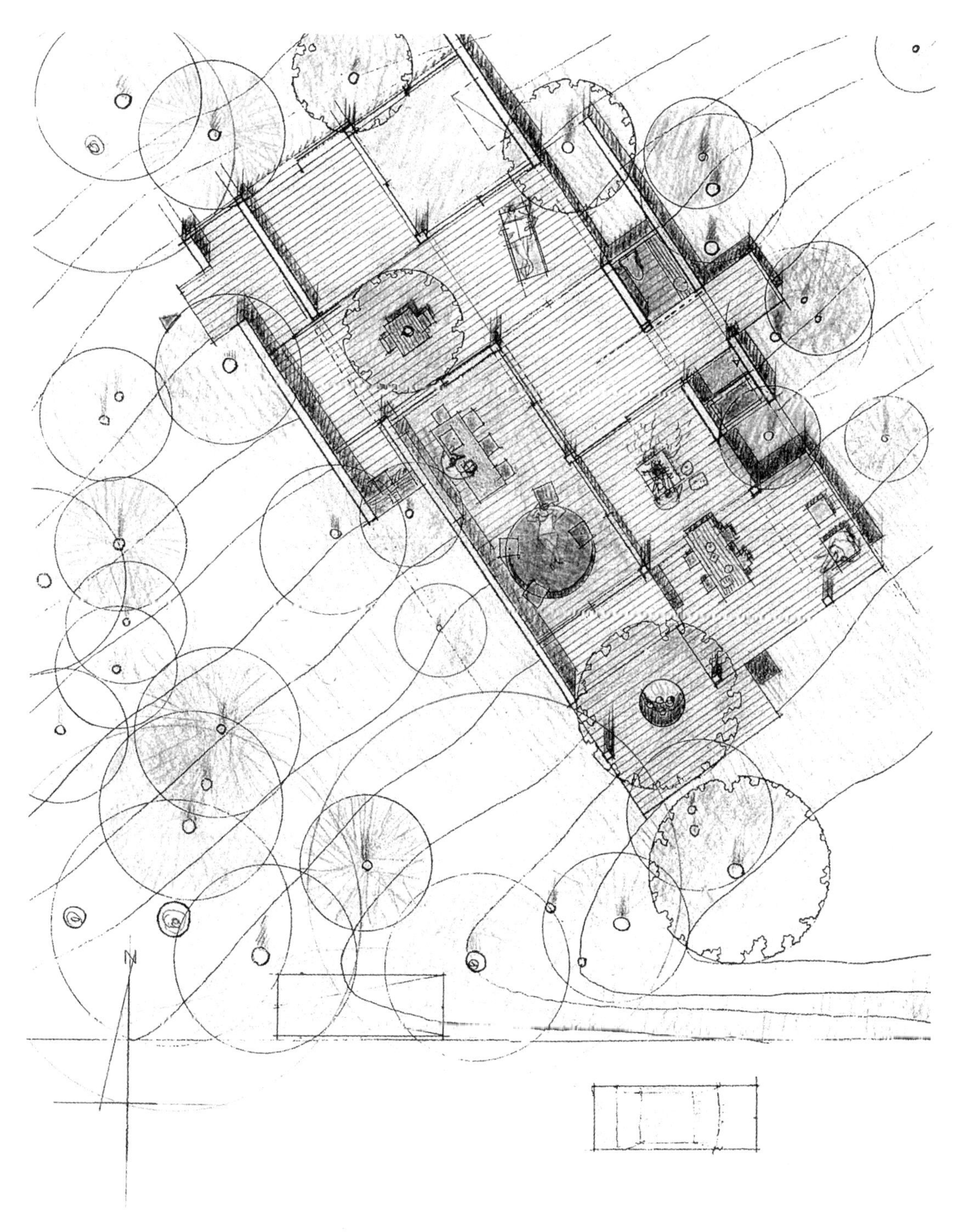

给总平面图画上等高线和树木，可以呈现山庄的选址条件

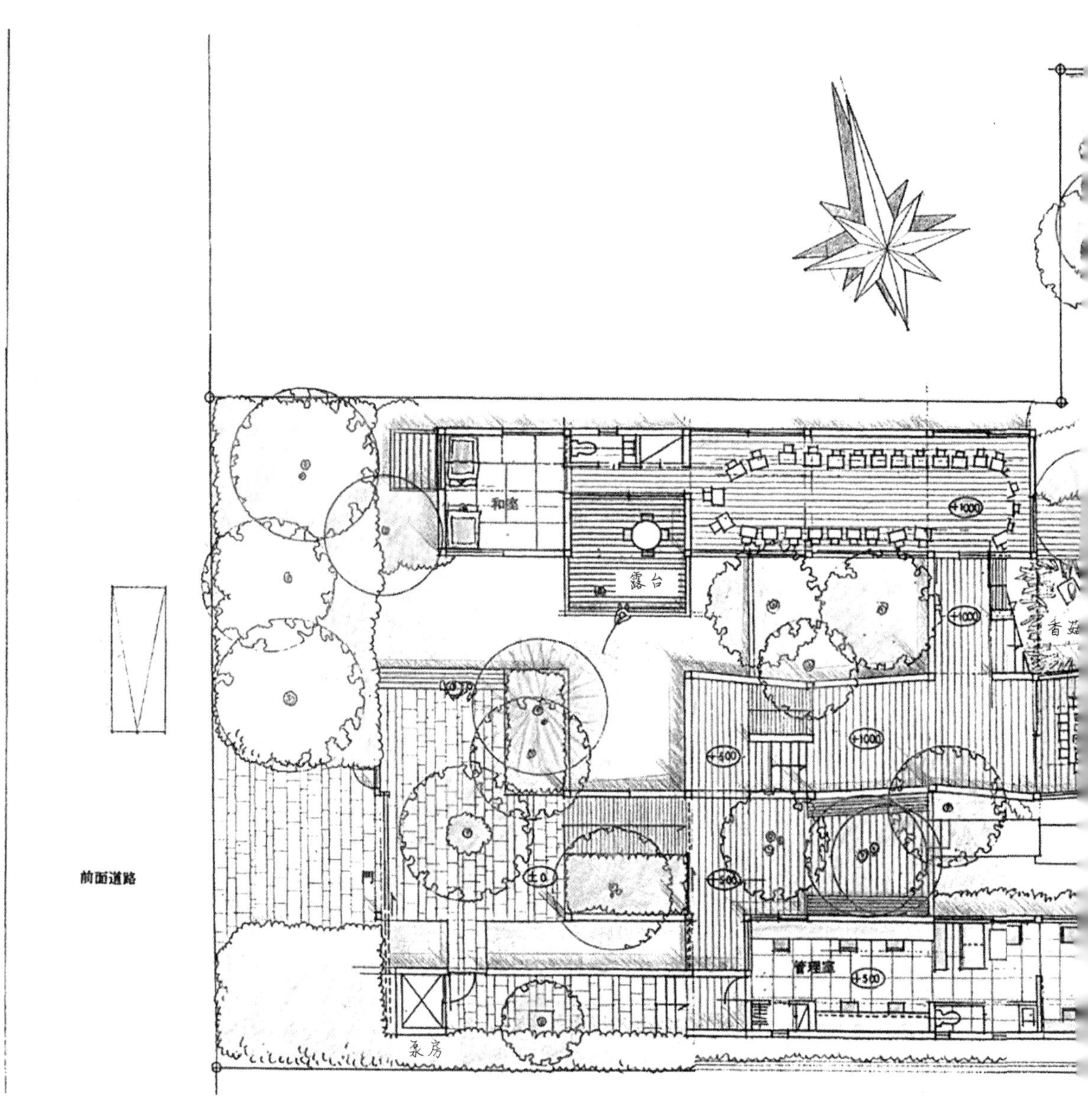

在总平面图上画出水池、河流和树林，可以表现位于大自然中的幼儿园

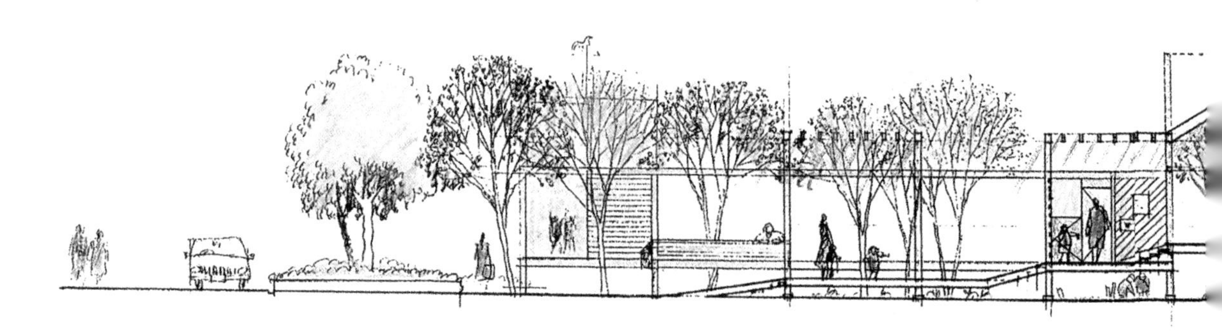

给剖面图画上人物和树木，可以说明空间的功能

自然幼儿园的展示草图

这是某个自然幼儿园的规划设计图。

这是一座想让孩子们在大自然中成长的幼儿园。它不是先盖建筑，然后在空余的地方植树，而是把幼儿园建在自然的树林中。树林中有河流、水池，河边有岩石、沙滩。如果不能充分描绘出这样的自然环境，就无法展现出这个幼儿园的设计意图。

像这样的自然景观，是自己绞尽脑汁也无法想象出来的，因此必须提前对河边的实际景象进行写生并印入脑海。如果做不到这点，就一定要对着照片画出来。

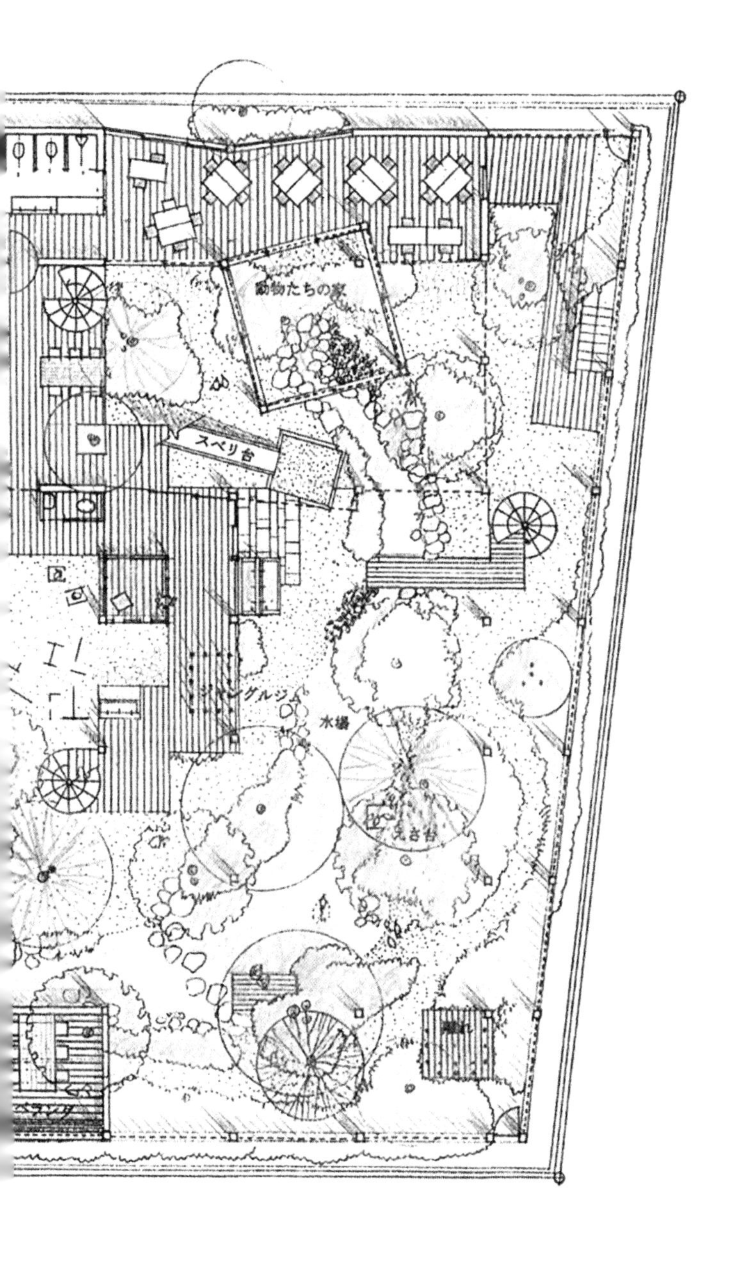

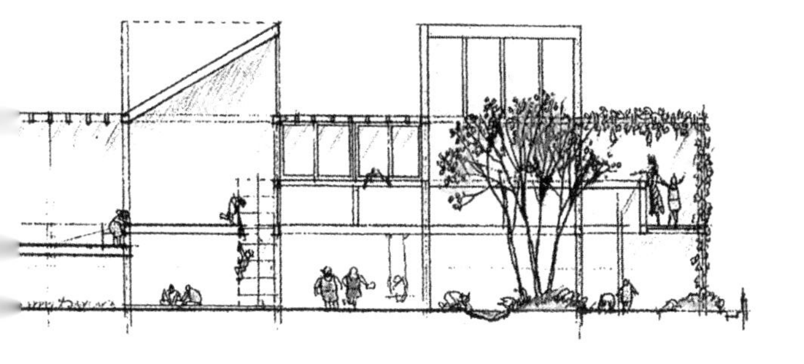

自然幼儿园入口通道附近的透视图

从入口通道穿过中庭和办公室看到河边

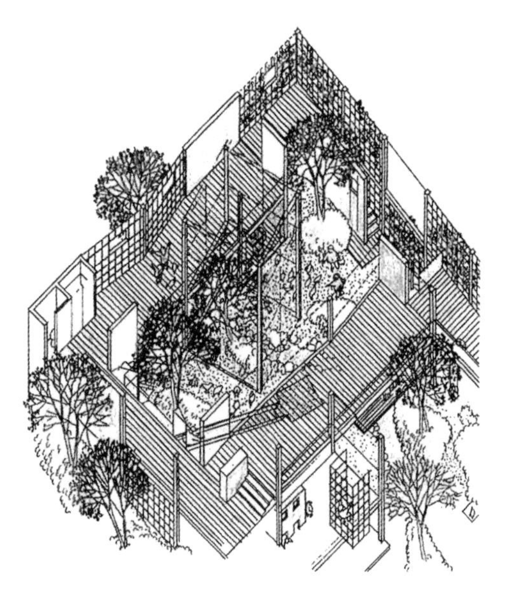

自然幼儿园附近的平行透视图（轴测图）

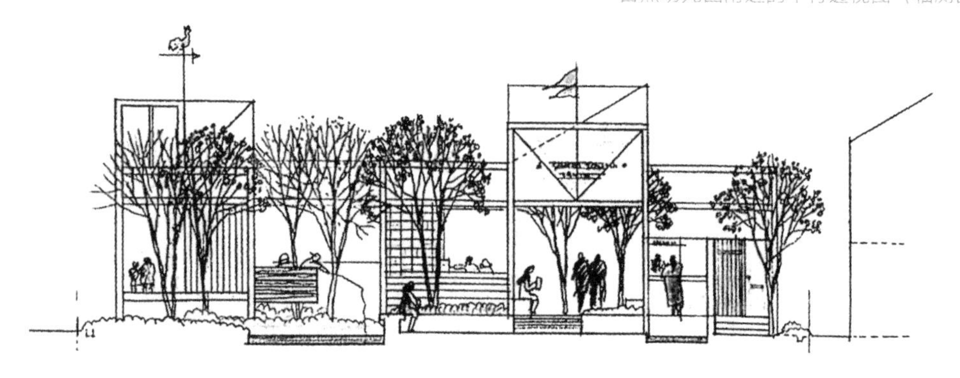

从道路一侧看到的绿树环绕的自然幼儿园的立面图

第八章
各种各样的表现技法

至此我们学习了各种各样的画法。

不仅画法不同，绘画用具及画纸的种类也各不相同。

请大家灵活利用形形色色的纸张和画笔的特性，来发现专属于你的独特表现吧。

一点透视图

现在，我们来看几个一点透视图的参考实例。画法虽然简单，但由于构图、绘画用具和用纸的不同，呈现出给人印象迥异的透视图。请根据展示的目的选择不同的表现方法。

可以原封不动地表现出正面的比例（联排住宅的草图）

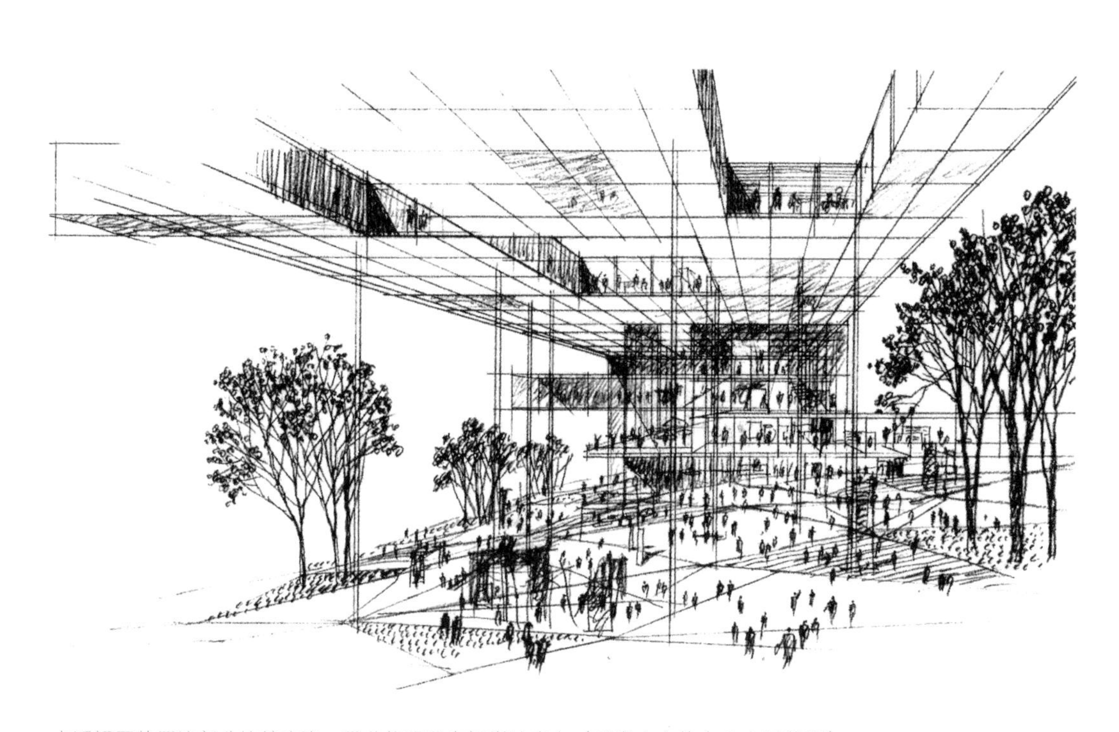

一点透视图的周边部分比较夸张，因此构图具有视觉冲击力（研究中心的中央大厅草图）

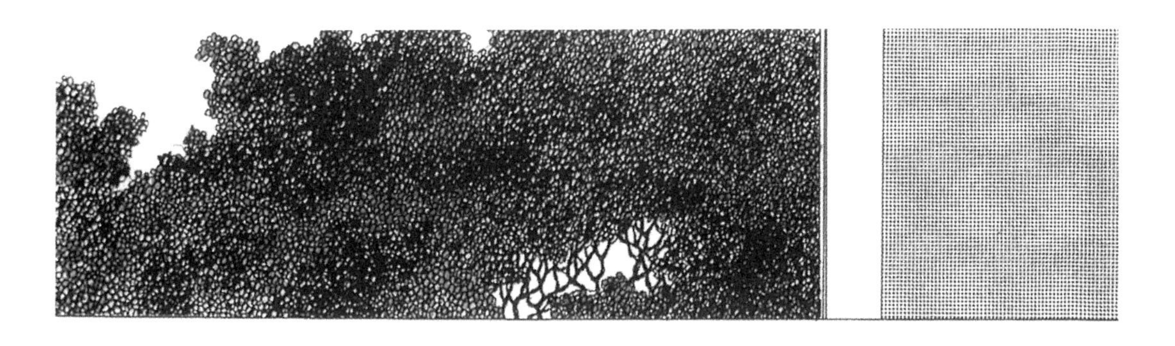

近景、中景、远景的构图富有远近感

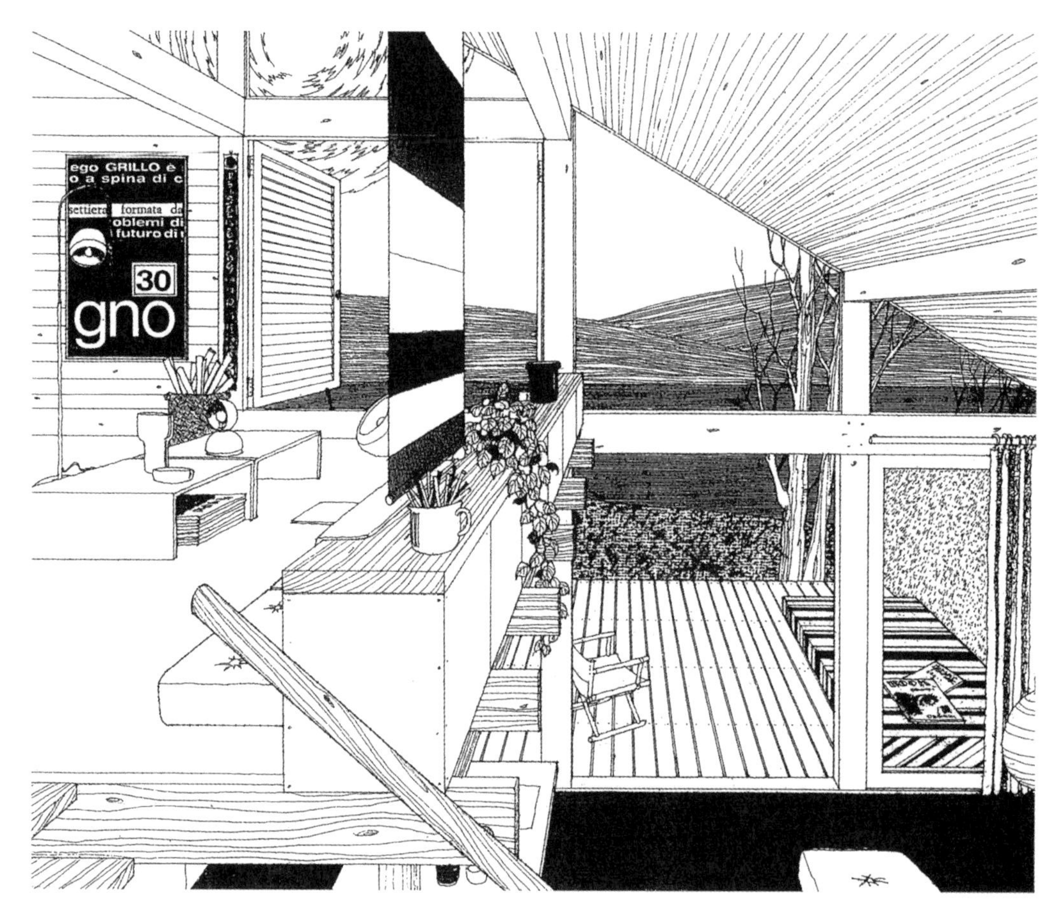

室内的各种摆设，为室内设计带来生活气息

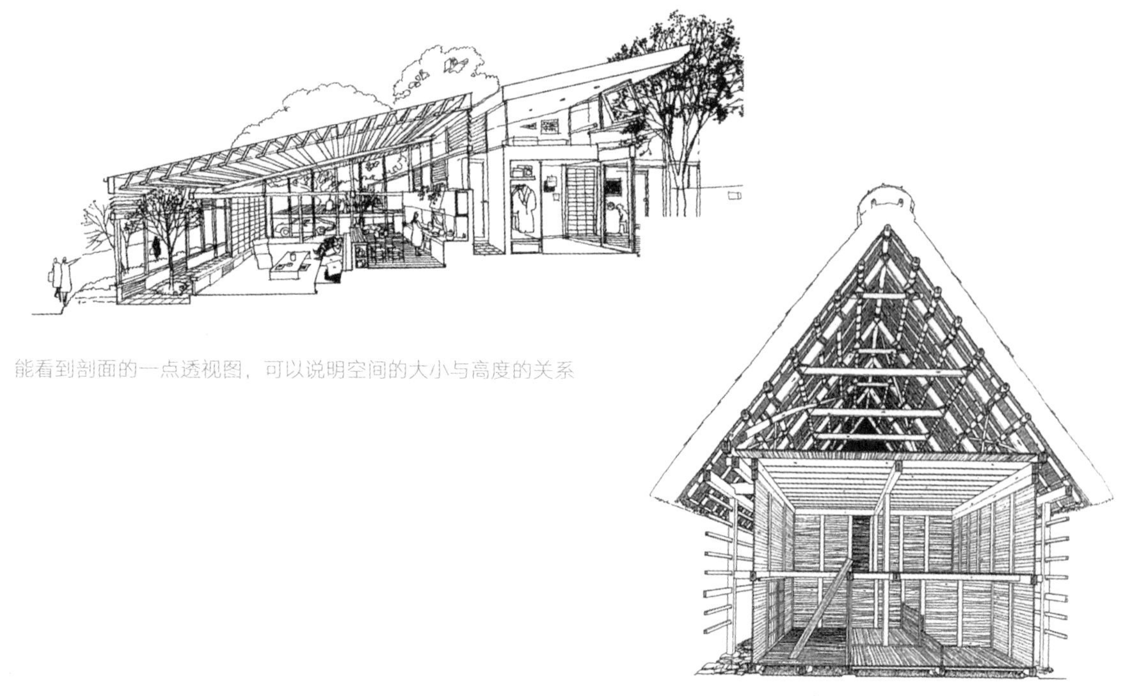

能看到剖面的一点透视图，可以说明空间的大小与高度的关系

一点剖面透视图（剖透视），能够表现建筑的内部空间和结构组成（人字形构造的仓库）

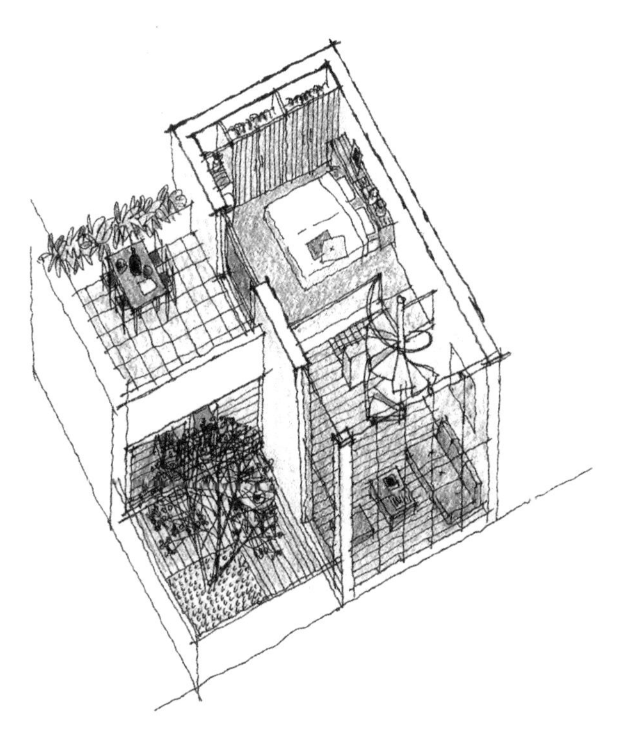

在高度方向上垂直上移绘制的等角透视图

等角透视图

把平面图沿高度方向平行上移的绘图方法，叫作等角透视绘图法或轴测投影绘图法。这是一种以平面图为基准，向上方机械平移的简易绘图法。它有一个很突出的特点，就是带比例尺的透视图。也可以说，一张图具有平面图、展开图和立面图的作用。

其画法和表达方式有两种：一是高度方向垂直的画法（左图），二是平面的进深方向垂直、宽度呈水平、高度向上倾斜的画法（下图）。

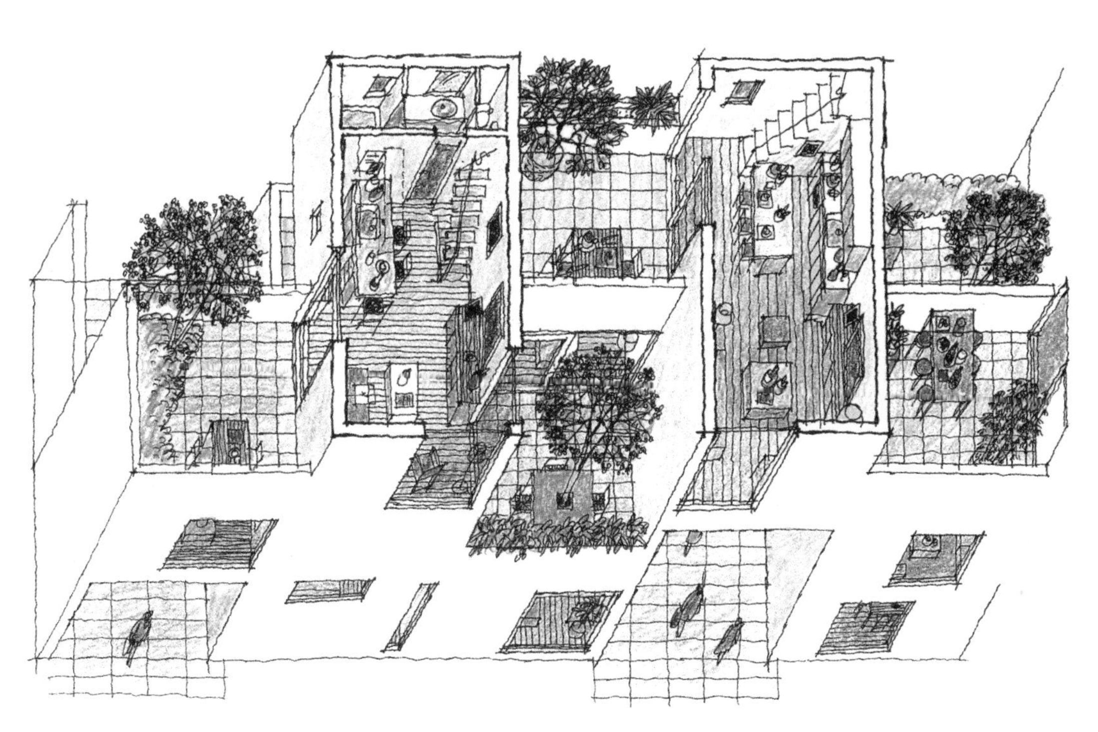

在高度方向上斜着平移所画的等角透视图

说明住宅区整体情况的等角透视图

后　记

前几日，收到了一张别人寄来的手绘贺卡。收到这样的贺卡，想要拿在手中反复读。对方暖暖的心意就在这张小小卡片的字里行间传递出来，读来真是令人高兴。

除了贺年卡，圣诞卡和结婚请柬也几乎都是用电脑打出来的。另外，如果只是传达事情，使用瞬间即可到达而又无影无形的电子邮件就能解决。在这样的背景下，这张手绘贺卡的魅力就显得格外突出了。

我有专门收藏这种卡片和信件的收藏夹。小小的卡片中充满寄信人的心意，扔掉实在可惜，所以一直舍不得丢。于是，这张贺卡就成为装饰我收藏夹的其中一页。

大家也趁此机会尝试一下吧，哪怕只对画画有一点点兴趣，或者只是有点动心，想画点什么都可以。你的素描就是世界上唯一的，属于你自己的作品。

在这本书的整理过程中，得到了很多同仁的帮助和支持。特别是彰国社的后藤武社长、土松三名夫编辑的鼎力相助，在此一并表示感谢。

中山繁信